PM從0到1實踐指南

Product Manager

打造產品經理
黃金身價的10堂課

夏松明——著

目
次
—

自序
適合台灣產品經理閱讀！

　　每家公司都有產品或服務，企業則是靠銷售產品服務以獲取利潤，才得以達成永續經營的目標。以一般公司為例，產品銷售是業務人員的職責；行銷人員是負責產品的推廣；研發人員著重於技術的發展；產品包裝則是設計人員的責任。

　　如果上述的內容是成立的，那麼，企業是否該有專人來負責「產品」大小事？是的！這個人就是本書要介紹的核心人物——「產品經理（Product Manager）」：不僅是公司創新的火車頭，更是連結企業產品的樞紐（hub）。

　　從事產品經理工作加上培訓產品經理、產品開發等教育訓練以來，至今已超過二十年以上的實務經驗，從軟硬體整合、數位 App 開發到顧問服務流程建置，我都是秉持從 0 到 1 的精神去實踐——如何讓點子能真正落地，而非

只是空有想法，卻無法讓「產品」往商業化的路程邁進。

當然，這一路學習、試錯的過程，絕非是順風順水，箇中甘苦，如人飲水，冷暖自知。回頭想想，這些年確實走了不少冤枉路，要是當下能有老師傅可以請益或是有相關書籍參考，適時提供一些有價值的資訊，那該有多好！

據統計，台灣一年出版的書大概五萬多種，以商業經營類別為例，產、銷、人、發、財的書就占了不少，但和此類別相關的「產品管理」和「產品經理」書本（翻譯書加上本土作者），可能用手指頭都數得出來。因此，我只要看到有出版社發行與「產品」相關的新書，二話不說，立馬下單訂購。不過，可惜的是，這些書有九成九以上都是國外的翻譯書，雖然作者不乏是業界大咖級別的專家學者，內容更是妙筆生花、精彩絕倫，但我始終覺得少了一些本土味：

首先，國外的「產品管理」制度很健全，但个一定都適合台灣企業發展；

其次，原文書的譯者可能較不熟悉這個領域的專業術語，在文字語意的陳述上與原作者有些許落差；

最後，也是最關鍵的一點就是，原文書很多描述的場

景及暗喻會讓讀者在理解上可能會有差距。

　　基於以上原因，促使我想撰寫本書——**適合台灣產品經理閱讀**——的動機就油然而生了。

❖ 撰寫本書的理由

　　近年來，台灣的企業，口口聲聲要轉型，產品要創新，但多數經營者的思維仍停留在二十年前的勝利方程式，殊不知科技的更迭演進及環境的快速變化，已經改變了傳統做生意的模式，現今的情況猶如「溫水煮青蛙」：一個企業只滿足於眼前的既得利益，沉湎於過去的勝利和美好願望之中，而忘掉危機的逐漸形成和看不到失敗一步步地逼近，最後像青蛙一般在安逸中死去。

　　過去在論及 PM 時，應該有九成以上的朋友會告訴你，PM 就是「Project Manager」或是「專案經理」，十年前在 Google 上搜尋，你也很難找到「產品經理」相關的中文資訊，偏偏這個角色在很多國家地區都是非常重要的職務。

　　如前所述，產品也好、服務也罷，是一家企業能存續的重要武器，而「產品經理」則是至關重要的操盤手，但在組織上我們卻鮮少看到類似的職位設置，老闆、高階主

管甚至輕忽、漠視……，實在令人擔心不已。

那麼，為何在台灣鮮少有企業設立「產品經理」的職務呢？我認為的主因有以下三點：

1. 台灣缺少有創新想法的產品經理，代工製造的專案經理有很多；
2. 各行各業都需要產品經理，專業的培訓資源卻非常少；
3. 產品經理的養成需長時間累積及跨產業知識交流。

因此，從十年前起，我除了專職培訓產品經理之外，還利用餘閒時間創建了「產品經理菁英會」臉書社團，之後再成立網路品牌「PM Tone｜產品通」產品經理知識社群網站，更不定期舉辦實體及線上的 PM 課程、工作坊及網聚活動，目的都是在集結不同產業的產品經理們，一起共同——

1. 推廣「產品管理」制度；
2. 拓展「產品經理」人脈；
3. 建立「產品經理」人才庫與知識庫。

然而，要想成為一位優秀的產品經理，除了本身專業領域（domain knowledge）要深度之外，還要隨時不斷地強化知識的廣度，尤其在現今忙碌的工作與生活當中，所獲取的可能是碎片化的知識，無法有效地汲取及運用於工作上，藉此提升自己的專業能力。因此，我認為，「讀書」應該是短期內產品經理比較快速可以達成的目標。

　　既然如此，我為何不把這些知識內容，撰寫成書，服務更多有心想成為產品經理的朋友呢？

　　於是，我把過去做產品碰到的雷坑，以及這些年我在台灣企業及公開班課程授課的經驗，再加上學者專家的真知灼見，彙整成一本兼具系統性、邏輯性的「產品經理」專書，期望在提升企業新產品開發的效率之外，還能培養出更多能幫公司帶來價值的傑出產品經理。

　　雖然說，一個小小的產品經理也許沒法做出偉大的產品去立即改變企業的現況，但我始終相信，多幾個產品經理是絕對可以改變現有市場的遊戲規則，並協助企業掌握轉型契機，以達到創新的目的。不過，前提是：企業必須先落實「產品管理」制度、老闆及公司高層的思維也必須徹底改變。

❖ 本書適合哪些讀者

雖然本書是專為「產品經理」這個職務與角色所撰寫的，但在不同產業中，「產品經理」可能有不同的稱呼（職銜），例如：

- 在快速消費品（Fast-Moving Consumer Goods）或奢侈品（Luxury Goods）產業的「品牌經理」；
- 在金融業（投信、投顧）的「基金經理人」；
- 在零售、通路業的「採購經理」或「商品經理」；
- 另外像是科技業或一般公司常見的「專案經理」、「產品行銷經理」、「產品企劃經理」等都可以算是「產品經理」的代言人。

簡單來說，只要你是企業主、公司高層，你的職責和「做產品」相關（如：業務、行銷、研發、設計等職務），或是之後想轉職成「產品經理」，又或者你未來想「創業」，這本書都將提供給你一些思考方向及實務經驗參考。

❖ 本書的架構

本書主要分成兩大部分，分別是「新產品開發從 0 到 1 的流程」以及「產品經理精選問題集」。

如果你對於產品經理這個職務與角色還不是很了解，建議你可以從〈第零章〉開始閱讀，我將會以說故事的方式和你分享，自己是如何踏進「產品經理」的圈子，以及在企業「產品管理」的制度該如何落實？產品經理的角色、職責該如何被定義？台灣企業對產品經理的定位又是如何？

在本書的前半段，我將繁瑣的「新產品開發從 0 到 1 的流程」拆解成十個章節（步驟），也許不一定是線性（產業不同），但必然有其邏輯。同時，這些內容也是「產品經理」最重要的職責，更白話來說，就是你的「工作說明書」。

每一章的引言會有案例或是親身經驗的說明，以用來闡述本章要談及的內容，在最後則會摘錄本章重點，讓你能夠快速汲取精華、有效學習。

本書的後半段，則是彙整了過去學員、網友最常問我的十大問題。

我將每個問題重新下標題，以文章的方式回覆並補充相關內容。不論你是新手或是老手，只要是在「產品經理」職涯路上，相信都會碰到類似的情境、困擾，這些內容對你肯定會有一定的幫助。

　　最後，我想說的是，本書不會告訴你如何開發出一個偉大的產品，而是告訴你如何從 0 到 1 的新產品開發邏輯；本書也不會區分軟、硬體產品、數位產品或是產業不同的產品經理之差異性，而是一體適用的產品經理守則；本書更不會闡述一堆框架、模型的理論，而是一本以自身經驗，敘述明白曉暢，輔以案例說明的產品經理實用指南。

❖ 致謝

　　年過半百，能夠一圓出書的夢想，並多了一個作家的身分，要感謝的人真的很多！

　　首先，要感謝時報出版何副總監、尹主編，願意給我機會去嘗試一個「小眾」市場；

　　其次，要謝謝家人在背後的支持，我的姊姊更是功不可沒，沒有他們的鼓勵，這本書不可能付梓出版；

最後，我要感謝身邊不斷獻策我出書的好友們，還有曾經上過我課程的所有學員、積極參與臉書社團互動討論的忠實團友，以及長期追蹤「PM 大叔」的眾粉絲們，沒有大家相挺，我更不可能有勇氣完成此書的撰寫。除了感謝，還是感謝。

作者謹識

2023.11

PM 知多少？
你是哪種類型的 PM

#產品管理的定義與框架
#產品經理的角色與責任
#產品經理在企業組織的定位與職涯發展

我自己當初是如何「選擇」產品經理這個職位的？與其說「選擇」，倒不如說是「誤打誤撞」，從陌生、入行到離開崗位投入顧問服務，現在又回到產品經理教學的工作，彷彿一切都是安排好的……

我與產品經理的初接觸，從 Coding 到 Marketing

第一次聽到「產品經理」這個職稱，直覺的反應就是「經理」很大耶！因為當時的我，剛從資訊軟體工程師轉換跑道至一家知名上市網通公司擔任行銷專員，由於該公司在我入職半年後，就不斷有耳語出現：「公司高層將有大地震……某某部門即將裁撤……將砍掉部分員工……」對於剛熟悉行銷工作、正想好好大展身手的我來說，心中的忐忑不安可想而知。當時，我所負責的工作是行銷推廣（marketing promotion），因此經常需要與其他部門聯繫溝通，其中與產品部門更是關係匪淺。某日，產品四大金剛（公司四大產品線）之首，突然來找我吃午飯，當下沒多想，以為是有新任務要交代，沒想到，席間該主管問了我一句：「有興趣來產品部擔任產品經理嗎？任何一條產品線都可以喔……」接著又提及，「你們行銷部的確有些狀況……」我沒聽錯吧？要我去做「經理」耶！心裡面正竊竊自喜中，但又不能喜形於色，只能沉默地「低頭吃便

當」。主管還以為我不高興，於是乎又說：「你不用急著回覆我，回去考慮一下，我也會去探詢其他可能的人選，不過既然先找你談了，當然是屬意你！」

有機會做「經理」，豈有不幹的道理呢？我之所以沒有立即回覆的原因，其實有兩點：

第一，如果我真的去了產品部，是不是就等於拋下行銷部的戰友？之後碰了面會不會很尷尬呢？

第二，由於之前是搞軟體開發，也沒碰過硬體，更別說是去「做產品」這件事……應該說，是自己沒啥信心勝任吧！

關鍵的抉擇，正式踏上產品經理之路

抉擇的日子日漸逼近，勢必該回覆究竟「去」或「不去」？就在我陷入兩難之刻，一通來自某上市科技大廠的招募電話，不僅解決了我的燃眉之急，也對我未來的產品經理之路產生極大的影響。電話中，人事經理向我說明了該職位的內容，真巧！對方也需要一個產品經理的人選，希望我能過去面談。這次，我並未詳加考慮就馬上與對方敲定首次面試時間。經過幾次的面談，我也逐漸明白該公司為何需要產品經理職位（雖然我還並不清楚詳細內容要做啥）。

「既然是類似的職位與工作，為何不乾脆到新公司重新開始呢？」我的內心開始盤算著。經過幾番思考之後，我決定接受新挑戰……

　　拜別老東家之後（雖然產品部及行銷部主管紛紛慰留，但既然心意已定，千山我獨行，就不必再相送了……），我來到了新公司，面對即將開始的新工作與挑戰，馬上給自己擬了一份「作戰計畫表」：

　　首先，得先將市面上有關「產品經理」的著作，通通給它買回來好好拜讀，不過逛了許久，就是未找到一本關於「如何做好產品經理」之類的書。

　　「這下該如何是好呢？馬上就要走馬上任了……」

0-1 PM 知多少

　　P.M.兩字充其量只是兩個不同英文單字的縮寫。最常見到就是新產品開發專案當中 Product Manager（產品經理）和 Project Manager（專案經理），不過多數企業也經常對兩者之間的角色混淆不清。

　　如果你隨機問一下身邊上班族的朋友，可能九成以上會回答你：「P.M.就是 PMP（Project Management Professional），國際專案管理師證照」；另外像是 Product Marketing Manager（產品行銷經理）、Product Planning Manager（產品企劃經理）等（如圖 0-1），還有人戲稱 PM 是「下午」才上班，也有人說 PM 是 Push Management，要一直不斷地 Push 才能有所謂的「成效」。

　　由此不難看出，無論是產品從 0 到 1，或是既有產品的改善、改版，甚至是代理經銷的過程中，確實都有 PM

的角色存在。

因此，我認為能將 PM 扮演得好，就是 Power Man；如果做不好，就成了 Poor Man。

#SalesPM　　#MarketingPM　　#RdPM

#ProductManagement　　　　　　#ProjectManagement

#產品管理　　#ProductMarketingManager　　#專案管理

#產品行銷經理

#ProductManager　　**#PMP**　　#ProjectManager

#產品經理　　　　　　　　#專案經理

#ProductPlanningManager

#ProcurementManager　　#產品企劃經理　　#ProductLineManager

#採購經理　　　　　　　　　　　　#產品總監

Power Man　　Poor Man

圖 0-1：作者整理

0-2 產品管理的定義與框架

　　根據美國新產品開發管理協會（Product Development and Management Association，以下簡稱為 PDMA）的定義，所謂的「產品管理」指的是，「在新產品開發的過程當中，通過不斷監控和調整市場組合的基本要素（其中包括產品及自身特色、溝通策略、配銷通路和價格），隨時確保產品或者服務能充分滿足客戶需求。」

　　知名的產品管理專家羅曼‧皮克勒（Roman Pichler）提出了「產品管理」的六大核心知識框架（如圖 0-2）：

❖ 1. 願景和領導力 (Vision and Leadership)

　　身為產品經理，首先，你需要建立一個共同的願景及適當的領導才能，並設定契合實際的目標。其次，要能夠積極傾聽利害關係人的意見，並進行談判以達成協議並獲得支持。

❖ 2. 產品生命週期管理
(Product Life Cycle Management)

真正的產品管理不僅僅只是創建和發布產品。產品經理還應該了解產品生命週期各個階段相對應的行銷策略和行銷戰術（如何制定產品價格、創造收入和利潤、停止銷售等）。

❖ 3. 產品策略和市場研究
(Product Strategy and Market Research)

對產品經理來說，產品的存在是為了服務市場或區隔市場，即需要該產品的一群人。因此，產品經理必須做好市場研究工作，前期階段需透過質化調查的方法（深度訪談、觀察法等），不斷地進行假設驗證，以確定誰是真正的目標客戶（市場），並且能夠清楚地陳述產品的價值主張。此外，還要做好競爭對手分析，以了解彼此的優缺點。當然，最終都需要利用數據做出正確的決策——是否應該調整、更改策略，又或者是否應該堅持、精煉策略。

❖ 4. 商業模式和財務分析 (Business Model and Financials)

產品經理最重要的使命就是要能確保產品開發的穩健、可持續發展以及產品是否能為公司創造價值。因此，產品經理必須對於產品的銷售及獲利模式、成本結構（直接成本、間接成本）等需要有一定的了解，而財務部的同事就是最佳的諮詢夥伴。

❖ 5. 產品路線圖 (Product Roadmap)

為了協助團隊成員完成工作並提供產品發展趨勢的可視性（visibility），產品經理必須建立及提供產品路線圖。一份好的產品路線圖能幫助組織有效開發與發布產品，並且持續更新，是組織裡最重要且最具影響力的文件；不只如此，產品路線圖還能引導整個組織實現公司策略。

❖ 6. 使用者體驗和產品待辦清單 (User Experience and Product Backlog)

產品經理首先要了解的是，一個好產品必須提供出色的使用者體驗（User Experience, UX）。因此，

UX與UI（User Interface）設計的專家應成為產品開發團隊的成員之一，協助創建情境（scenarios）、用戶故事（user stories）、故事板（storyboards）、工作流程圖（flowcharts）等，並能夠描繪出使用者介面草圖（sketches）和建立模型（mockups）。其次，產品經理還要能管控庫存及管理產品待辦清單，有效地確定優先順序，並選擇衝刺（sprint）目標。

除此之外，皮克勒還認為整個「產品管理」核心框架還需要市場行銷、研發技術、業務銷售、客戶服務、專案管理、發布上市、流程管理等相關單位或人員的支援，才能打造出一款符合客戶需求的產品或服務。

綜上所述，企業採行「產品管理」制度及培養「產品經理」至少有以下兩點優勢：

首先，新產品肯定是由市場來驅動——過去新產品的失敗，都是由於欠缺對市場的認知，以及對使用者的了解；沒有「傾聽顧客聲音（Voice of the Customer, VOC）」。如果有了產品經理，自然可以肩負起與市場面（使用者）溝通的角色，新產品成功的機率肯定大增。

其次，可以有效提升目標達成的效率——一直以來，

新產品上市延期、預估失準……似乎已經成為企業間不成文的定律。主要原因就在於：缺乏專職的人員負責執行新產品流程及監控產出品質。如果有了產品經理，自然能夠制定有效的 KPI 及 Metrics，如：Time-to-Market、Time-to-Revenue、Cycle Time 等評量指標，以提升新產品目標達成的效率。

圖 0-2：作者整理；資料來源：Roman Pichler

0-3 產品經理的角色與責任

對於產品經理的角色,有不少學者專家提出自身的看法,其中最普遍被提及、引用的,首推產品部落客馬丁‧艾瑞克森(Martin Eriksson)的說法:「產品經理(PM)是商業分析(Business)、科技趨勢(Technology)和使用者體驗(UX)三者之間的交集。」(如圖 0-3)

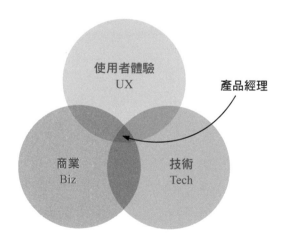

圖 0-3:作者整理;資料來源:mindtheproduct.com

打造產品經理黃金身價的 10 堂課

矽谷知名產品管理大師馬提・凱根（Marty Cagan）在《產品專案管理全書》一書中，將產品經理一職形容為「找出有價值、可使用和行得通的產品」。更指出卓越的產品經理須具備以下四大責任：

1. **深入了解顧客**：包含其任務（jobs）、痛點（pains）、渴望（gains）。
2. **深入了解資料**：持續蒐集資料及洞察數據分析。
3. **深入了解事業**：做好商業分析與營運管理。
4. **深入了解市場和產業**：關注市場趨勢發展及競爭對手動態。

Produx Labs 的執行長，同時也是《跳脫建構陷阱》一書的作者梅麗莎・佩里（Melissa Perri），則認為產品經理在組織中的真正角色，「是與團隊一起創建出對的產品，其權衡了業務需求的滿足和使用者問題的解決。正因為如此，產品經理需要身兼多職。」

同時，「產品經理不是一位技術專家，但必須具備技術學養；產品經理也不是專業的市場分析師，但必須了解市場趨勢。」因此，「產品經理必須是一位貨真價值的產

品管理專家。」

前百度、滴滴的產品副總裁俞軍在《產品方法論》一書中指出，「企業應該以產品為媒介，與用戶作價值交換；產品經理要能在實踐中理解用戶模型和交易模型，用產品促成更多的交易，創造『有利可圖』的用戶價值。」（如圖 0-4）並提出了產品經理的四大職能：

1. **需求**：定義產品。
2. **生產**：做出產品。
3. **銷售**：完成交易。
4. **協調**：溝通協作。

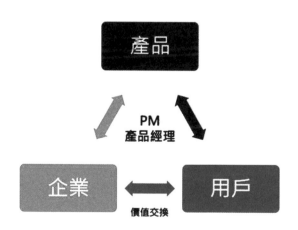

圖 0-4：作者整理；資料來源：《產品方法論》

也有學者從完成一個產品的角度，提出了「產品金三角（Product Triangle）」的概念（如圖 0-5），認為產品經理的角色有以下三種類型：

1. **技術優先型產品經理**

    （Technical First Product Manager）

2. **商業優先型產品經理**

    （Business First Product Manager）

3. **顧客優先型產品經理**

    （User First Product Manager）

從上述學者專家的說明，大致可以將「產品經理」的職責及角色歸納如下：

● **機會辨識**：了解市場、做好競品分析並研究使用者的需求。
● **定義產品**：根據市場、使用者以及每種功能需求對不同目標顧客的影響，確定哪些功能將出現在哪些發布的版本中。
● **領導開發**：撰寫產品開發文件（如：MRD、

PRD），並根據團隊成員的工作量及對功能的影響進行優先順序的排列。

- **產品迭代**：定義「進入市場（Go-to-market）策略」，藉由與使用者的互動，不斷地進行反饋測試，並根據市場洞察的結果作為產品迭代的基礎。

- **產品策略**：綜合市場、用戶需求及反饋來管理產品路線圖，使產品目標與公司目標保持一致性（alignment）。

一直以來，有很多學者專家對於產品經理的角色、定位與職責，都有不同的見解與論述，有人認為「產品經理就像是迷你 CEO 或是產品 CEO」，也有人認為「產品經理更像是打雜、跑龍套或是砲灰」，我的看法則是認為產品經理這個角色應該是——產業的「領域專家（Domain Expert）」。

無論你最後的發展如何，個人深信，產品經理在未來職場上肯定是「眾所矚目的明日之星，而且會閃閃發光」。

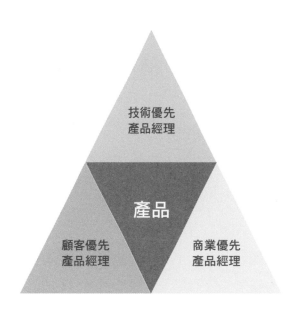

圖 0-5：作者整理；資料來源：productlogic.org

0-4 產品經理在企業組職的定位與職涯發展

明白了產品經理的角色與職責之後，我們再來解析一下不同產業產品經理在企業組職的定位（如圖 0-6），依照過去工作經驗及多年實體授課觀察的體驗，台灣有產品經理職位的產業（公司），大致上可以分為兩大類：

❖ 1. 業務行銷（Sales／Marketing）

也就是大家常聽到的 Sales PM 或是 Marketing PM，這類型公司的產品經理一般來說有三種情況：

- 第一種是外商公司的品牌經理（Brand Manager, BM），這裡的 PM 是對該公司的產品進行在地化的品牌管理與經營，有時還須兼任公關發言人（Public Relationship Manager, PRM），這些工作內容也涵蓋在產品經理的範疇內。
- 第二種是以代理國外產品為主的產品行銷經理

（Product Marketing Manager, PMM），主要負責該產品在台灣的銷售、行銷、品牌推廣等任務（有關 PM 與 PMM 的不同，請翻至書末〈參考資料及引用出處〉）。

● 第三種是零售業採購（品項）經理（Procurement／Category Manager），之所以會把產品經理稱為採購（品項）經理，一方面是因為採購需負責選品及進貨成本，本質上來說也是產品經理的工作內容；另一方面則是因為零售業商品太多，必須加以分門別類以利管理，所以才會將產品經理稱為 Category Manager。

❖ 2. 生產製造（Manufacture／Production）

這類型公司的產品經理一般來說有兩種情況：

● 第一種是設立產品管理組織，這裡的產品經理比較偏向代工產業（也就是大家常聽到的 RD PM 或是專案經理），資深的產品經理通常負責客戶專案的掌控及訂單的履行，資淺或是剛入行的產品經理則負責跑腿、跟催、寫文件等事務性工作。

● 第二種是設立新產品開發（New Product Development, NPD）組織，這裡的產品經理幾乎清一色是技術底，主要的任務即是負責「新技術」（如：leading edge technology）的研究發展，期待在未來能應用於客戶的需求。

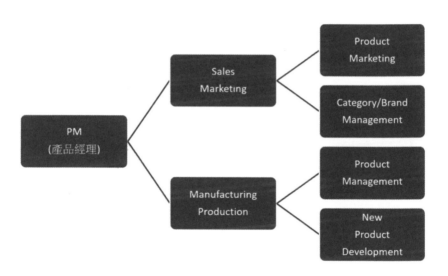

圖 0-6：作者整理

　　　　　　　　　　打造產品經理黃金身價的 10 堂課

參考國內外產品經理的職務及工作內容，大致可以歸納成以下五種發展歷程（如圖 0-7）：

❖ 1. 產品助理（Junior Product Manager, JPM）

在多數企業（特別是科技業）又稱為 PM Assistant 或 PM Coordinator，這是一個新手產品經理的職位，通常已經擁有一些工作經驗（1 到 3 年，依公司大小而異），可以來自任何背景（如：工程、設計、行銷或業務）。過去 Google、Meta、Uber 等頂尖的公司也曾推出 APM（Associate Product Manager）專案，來培養新手成為產品經理。

APM 的目標在於透過 1 年到 2 年的時間在不同產品線學習歷練，熟練後就能擇優晉升為產品經理，讓他們能夠在很短的時間內成為公司的領袖。典型的 APM 都是剛畢業的，與大多數學徒一樣（有關師徒制，請翻至書末〈參考資料及引用出處〉），目的是通過培訓和實際產品開發專案的參與，將這些學徒培養成全職職位。

這裡的建議是，如果你真的想往產品經理領域發展，有兩個方式可以嘗試。在大公司的話，只要有 JPM 出缺，就立馬去爭取；另一個機會則是新創公司的招募。總之，

在這個階段就是多聽、多看、多學！（有關新手 PM 的技能，請翻至書末〈參考資料及引用出處〉）

❖ 2. 產品經理（Product Manager, PM）

　　這應該是大家最常見到的職位，必須涵蓋廣泛的經驗、責任和技能（通常需要 3 到 5 年，依公司大小而異）。從廣義上來講，這個角色的工作內容是一個可以獨立經營、領導產品開發團隊工作並負責產品或顧客旅程（customer journey）的人。不過，要注意的是產品經理要管的不是人（千萬不要被「經理」兩字所影響），而是要專注於他們管理的產品。如果是 Meta 新聞 Feed 的產品經理並影響數十億用戶，他們可能比一家全新創業公司的產品經理來得更資深、更有經驗。

　　這裡的建議是，在這個階段的產品經理需要更多的「軟技能」，千萬不要害怕「失敗」，才能真正打造出一款產品上市，有了戰功之後，才有機會更上一層樓。

❖ 3. 產品總監（Senior Product Manager ／Product Director／Group Product Manager）

如果說產品經理這個位置是負責單一產品（如：電競筆電、商用筆電），那麼產品總監（通常需要 5 到 8 年，依公司大小而異）要看的就是一個（或一個以上）產品線（如：筆電市場），因此，這個角色需要較多的時間去指導底下的產品經理，但也有可能需要自己操刀某一個產品。

這裡的建議是，在這個階段的產品經理需要更多的「管理技能」，如：建立新產品開發流程並將其制度化、隨時關注市場趨勢變化及競爭對手的分析等等，讓產品經理們能有更好的發揮空間，提升產品成功的機率。

❖ 4. 產品長（Chief Product Officer, CPO）

如果說產品總監這個位置是負責一個（或一個以上）產品線（如：筆電市場），那麼產品長（通常需要 10 到 15 年，依公司大小而異）要看的就是一個「局」（如：未來 3 到 5 年筆電市場的產品策略為何？平台策略又是為何？），這個角色同時也是組織中最資深的產品人員，通

常管理多個產品經理團隊，並代表產品管理部門與其他高階主管（如：CTO、CIO）、利害關係人進行跨部門溝通協調及資源的有效分配，確保與企業整體策略的一致性。

除此之外產品長必須經常扮演 Coach（教練）及 Mentor（指導者）的角色，以激勵人心。（有關 CPO 的職責，請翻至書末〈參考資料及引用出處〉）

❖ 5. 產品副總裁／產品負責人
(VP Product／Head of Product)

這個職務與多數企業的董事（Director of Board）類似，在擁有眾多產品線和管理層的大公司中很常見（通常需要 15 年以上的經驗，依公司大小而異），在許多創業公司中，可能稱為產品負責人（Product Lead）。在較小的公司中，產品副總裁和產品長之間的差異並不大，都是組織中最資深的產品人員。但是，在擁有這兩個角色的大型組織中，可能的分工或差異則為產品副總裁負責產品團隊管理、產品開發流程和最終產出（throughout），而產品長則是負責產品願景、產品策略、平台架構及跨部門組織溝通協調。

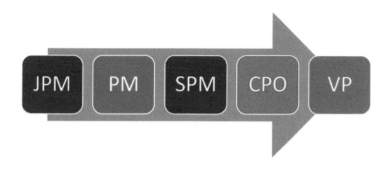

圖 0-7：作者整理

看到這裡，或許有人會問：「時下常聽到的 Product Owner（PO）和 Product Manager 有何不同？」（詳細說明請翻閱〈附錄〉問題集 8）

簡單來說，PO 是一個來自 Agile（敏捷）和 Scrum（一種 implement 敏捷的方法）的工作角色，雖然許多組織將其當成可與 PM 互換的職位，但這是不正確的。在 Scrum 中，PO 被定義為負責整理待辦事項的人，在敏捷中，PO 被定義為業務的代表，並不完全描述 PM 職責的全部範圍。因此，PO 是在敏捷團隊中扮演的角色，而 PM 是負責產品及其對客戶和業務結果的人員職稱。

目前在矽谷知名企業擔任 CEO，如：Google 的桑德爾‧皮查伊（Sundar Pichai）、Microsoft 的薩蒂亞‧納德拉（Satya Narayana Nadella）和前 Yahoo 的梅麗莎‧梅爾（Marissa Mayer），中國大陸小米科技的董事長雷軍、奇虎 360 董事長周鴻禕（《極致產品》一書的作者）、有「微信之父」稱譽的張小龍，這些人的共同點就是過去都是「產品經理」出身，無論是做軟體或是硬體，他們也一樣歷經——從發想產品、規劃產品、開發產品、推廣產品、發布產品及產品上市，並學習如何領導團隊到最終邁向成功。

思維
決定格局

Google Cloud 是一個多元化的產品組合，它包括雲端計算、數據儲存、應用程式開發工具等。這些產品在不同行業及使用情境中提供價值，同時也完整體現了 Google 的整合策略。

1. **使用者導向**：Google Cloud 以客戶需求為中心，提供廣泛的雲端解決方案，以滿足不同類型的客戶需求。從初創企業到大型企業，都能有適配的解決方案。

2. **數據驅動**：Google Cloud 提供了強大的數據分析工具，以協助客戶洞察數據背後的意涵及營運方針。如：Google Ads、Google Analytics 等工具。

3. **迭代和實驗**：Google Cloud 藉由不斷推出新的功能和服務，以滿足客戶不斷變化的需求。也積極透過「傾聽顧客聲音」，獲取客戶反饋，進行產品改進和優化。

4. **開放性和整合**：Google Cloud 是一個開放平台，允許客戶在其基礎上建構自己的應用程式。此外，Google Cloud 整合了 G Suite（已改名為 Google Workspace）等產品，以提供無縫的協作和生產力工具。

Google Cloud 以客戶需求為中心，並利用數據驅動決策，不斷迭代和優化產品，同時保持開放性和整合，以提供全面的解決方案。就是一個將「產品思維」融入到新產品開發的好案例。

1-1 什麼是「產品思維」

　　如果要說明產品經理的核心競爭力是什麼？我的回答會是——「產品思維」能力！

　　用一句話來說明，「產品思維」就是讓產品經理能夠有條不紊的完成產品相關工作的一種指導原則與思維方式。

　　身為產品經理，「產品思維」是一個很重要的素質，因為你每天都要做很多小決定。如果你的大腦不能自動提醒你找到自己的目標，你可能做出糟糕的決定。如果你沒有深入思考接下來要解決哪些問題，你就會設定糟糕的目標。如果你還沒認真考慮和評估目標就倉促執行工作，那就代表你沒有展現「產品思維」。如果你很專注地進行一項令人期待的解決方案或技術，卻沒有把它與它要解決的問題聯繫起來，你也沒有展現「產品思維」。

　　雖然產品經理相關的工作技能可以在網路上輕易取

得，然而「產品思維」所涵蓋的邏輯思考、認知方法及科學觀念等知識卻很難在公開場合可以獲取。原因在於「產品思維」不僅要求產品經理對使用者要有足夠深刻的理解及看法、更需要對產品的範疇與定義拿捏得宜，以及如何隨時做好產品迭代的思維與應變。

因此，作為產品經理的核心競爭力，「產品思維」的養成過程需要長期刻意的訓練累積，而難以速成。

那麼，要如何養成「產品思維」的習慣呢？我會建議，在每次新產品開發專案立案之前，不妨先問問自己：**「這個問題值得解決嗎？」**或是**「我想解決的問題是什麼？」**把這些問題寫在便利貼並貼在螢幕上，以便經常看到它。經過反覆的試煉之後，就能培養出自然的習慣。總之，建立「產品思維」可以幫助產品經理做出更好的決定。

1-2 做出一個好產品的三要件

什麼樣的產品才算是「好產品」？

「好產品」的標準為何？該如何定義呢？

如何才能開發出一款「好產品」？

對大多數的產品經理來說，能夠做出一款「好產品」肯定是其職涯上最重要的里程碑之一。

廣義來說，一個「好產品」，必須包括它的生產過程、創造歷程，以及你如何看待自己的商品；它是一個創作的藝術品？還是一個在市場上被不斷銷售的產品？

那麼，什麼樣的產品才算是「好產品」？一個「好產品」該涵蓋哪些條件呢？我的看法有以下三點：

❖ 第一、一個「好產品」需要滿足使用者的需求，或是解決其痛點

同樣可以用來打電話、發簡訊、上網使用 App 的智慧

型手機，A 牌可以賣到新台幣五萬元之譜；其他品牌只需要五千元左右就能買到，各自都有支持或選擇該產品的理由，這也印證了「青菜蘿蔔，各有所好」的道理。因此，所謂的「好產品」指的是，顧客要的不僅僅是產品本身而已，而是產品本身所帶來的「價值」。對產品經理來說，他們要的是誰來幫他們解決痛苦的問題？誰來協助他們完成工作／任務？以及誰來幫他們「創造價值」？

❖ 第二、一個「好產品」需要有好的「使用者體驗」

　　所謂的「使用者體驗」就是從顧客或使用者端蒐集資訊之後再進行設計，並不斷獲得反饋來進行修正。例如：要設計一款盲人專用的拐杖，就必須實際蒙上眼睛模擬走出門買東西；要了解一般四口之家需要多大空間的後車廂，就應該實際訪查或觀察這些家庭的需求，並且親身體驗之。

　　對產品經理來說，自己就是該產品的代言人，必須對「使用者體驗」保持熱衷。不見得你要成為該產品的使用高手，但是你必須要時時去測試產品，和使用者交流並且得到回饋（尤其在產品開發初期）。整體而言，使用者體驗設計可以讓產品與服務超越單純比較功能規格的產品設

計思維。

❖ 第三、一個「好產品」需要有適合的「商業模式」

　　過去常見到許多極富創意的好點子，最終皆因缺乏商業模式而無法形成產品，即使是已經營運的產品服務，也難逃倒閉關門。以家事清潔服務為宗旨的 Homejoy 就是一例，其基本商業模式與 Meta、Google 等以經營網路外部性的企業有所不同，Meta、Google 可以一開始沒有獲利，直到使用者成長到某個數量等級以上，才會產生巨大價值，Homejoy 狀況則不同，利潤不是靠流量廣告，而是從每筆交易而來，一筆打掃交易虧錢，一百筆則會虧損一百倍。因此，基本核心商業模式沒有獲利時，盲目擴張規模並沒有太大意義，然而 Homejoy 卻把自己當成是 Meta 或 Google，不斷催眠自己，「只有用戶成長才重要，不用急著馬上獲利。」Homejoy 最終導致停業收場。

　　所謂的「商業模式」，簡單來說就是指「人流」、「物流」及「金流」三者之間的關係（如圖 1-1）：產品要賣給誰？誰提供產品給公司？公司該付錢給誰？誰又該付錢給公司？更重要的是──產品是否有符合顧客所需要的「價值」。產品經理在設計開發產品時，除了考量到使

用者的需求之外，更必須要思考該產品的「商業模式」。

　　對於一些設計上較不同於一般使用習慣的產品，第一次使用的體驗感受會大幅度影響使用者之後的使用意願與喜好度。如果必須反覆的回想、嘗試、犯錯、再嘗試，那麼下次使用者可能會選擇使用其他產品。

　　是以，產品經理要做出「好產品」的基本原則，就是必須將產品相關的大小事當作自己的事，也就是所謂的「所有權（Ownership）」，唯有全心全力聚焦在新產品開發流程上，方能引領新產品團隊做出「好產品」。

圖1-1：作者整理

1-3 後「疫」時代的五種產品思維：C.O.V.I.D.

　　2020 年突如其來的疫情風暴，相信許多人記憶猶新，不僅超越 2003 年 SARS 的影響層級，更是自 2008 年金融海嘯以來，全球再度陷入黑暗與恐慌——生命受到威脅、經濟活動停滯、社交活動減少……似乎有「人」偷偷按了暫停鍵，讓地球暫時無法轉動。

　　但相信「黑暗總會過去，光明將會到來」！當景氣復甦那一天來的時候，企業（主）準備好了嗎？身為產品經理，你準備好大顯身手了嗎？

　　以下是我針對 C.O.V.I.D. 字根，重新詮釋在後疫時代，產品經理該重新思考的五種產品思維：

❖ 1. Crisis management（危機管理思維）

　　過去企業一旦出現危機事件，通常會由公司指派的發言人或是品牌公關（PR）這個職務來負責對外的溝通與說

明。在這次的疫情期間，企業普遍是哀鴻遍野，當然是因為產品服務的銷售受到衝擊，身為產品經理的你，自然不能置身事外，也許你不是對外的直接角色，但討論的內容或是做法肯定需要你的意見（如：當時有零售業者提出針對零確診「＋0」的產品折扣方案）。

疫情之後，產品經理除了日常的溝通協調很重要之外，更要隨時做好危機管理的準備——至少有一兩套劇本在你的「哆啦 A 夢」口袋裡。一旦出現不尋常的變化，就能與老闆及主管們或是相關部門（行銷業務或是工程單位）提出因應對策及建議方案。

❖ 2. Operational efficiency and effectiveness
（兼具效率與效果的營運管理思維）

從疫情發生之後，供應鏈「斷鏈」危機就一直在各大產業持續蔓延著，就連蘋果發新機都受到延誤。

根據麥肯錫（McKinsey）公司針對疫情之後，企業接下來對於供應鏈規劃所提出的六點建議，整體而言，不外乎要考慮到營運面的效率與效果。我認為，疫情之後，產品經理更需肩負營運經理（Operation Manager）的角

色——必須協助企業了解「全球化營運」及「去中心化供應鏈管理」的思維已成為現代企業運營的一個重要課題，兼具效率與效果的「營運管理」，就是接下來企業競爭力的根本源泉。

❖ 3. Various products and different Value proposition

（多元化產品組合及不同價值主張思維）

這次因疫情損失慘重的產業（如：交通運輸、旅遊觀光、零售服務、電子製造等）肯定不少，如果是集團企業，可能還可以支撐一段時間或是改變產品組合及銷售模式，像是新光三越即透過集團資源推出「美食外送」、「商品宅配」、「精品專人到府解說」並結合自家的支付工具 SKM PAY，導入線上購物的功能，讓網購可以彌補實體消費的損失，但如果是中小企業，公司產品品項不多或是產品銷售收入比重過傾（如：過去曾接觸某公司的主力產品營收即占了該公司整體營收的 70%），相信更難度過此次危機，還很有可能被疫情浪潮給吞噬。

因此，疫情之後，產品經理更應該要運用「敏捷思維」來開發不同的產品組合並賦予不同的「價值主張」

（如：「健保藥局系統」是方便民眾居家就近購買、有健
保卡控管的權宜之計；「eMask 口罩預購系統」是因應方
便上班族及手機重度使用者購買口罩的 App，從 1.0 也陸
續更新迭代到之後 2.0；「口罩自動販賣機」則是讓想買口
罩的民眾多了一個隨時隨地可以馬上買到的價值），方能
應付未來詭譎多變的環境及全通路時代不同消費者多樣化
的需求。

❖ 4. Integrative thinking（決策整合思維）

　　過去我們看過許多國內外知名企業（如：Kodak、
Blockbuster、裕隆、宏碁、華碩、hTC 等）因「決策」錯
誤，導致公司業績一落千丈，面臨破產、減資、裁員等危
機。那麼，有沒有什麼方式可以提升「決策」的品質呢？

　　著名的 Thinkers 50 全球最具影響力的管理思想家，也
是前加拿大多倫多大學羅特曼管理學院（Rotman School of
Management）的院長羅傑‧馬丁（Roger Martin）提出的
「整合思維（integrative thinking）」：「整合思維不是二
選一，而是兩者兼得」，應該是所有面臨「決策」的經理
人們必須重新學習的思維模式。身為產品經理，在疫情之
後的產品規劃上也應該要擺脫傳統思維──「傾向隱藏潛

在的解決方案，並創造出『不可能有創新解決方案』的假設」，而是更要想辦法去「創造許多可能性、可能的解決方法，以及創新的想法。」

❖ 5. Digital transformation（數位轉型思維）

近幾年不僅市場競爭愈來愈激烈，各類新興科技如5G、AI、區塊鏈、雲端、大數據等技術也不斷迅猛發展，一項國際性的研究報告就指出，亞太地區有八成的企業主認為自身企業需要「轉型」，以面對未來局勢持續成長。

在這次疫情當中，表現搶眼的公司，除了民生物資、醫療用品之外，當屬「視訊會議」、「遠端工作」相關的軟體平台，如：Zoom、Webex、MS Teams……最為火紅！

因此，疫情之後，相信有更多企業經理人在防疫之餘，會重新檢視公司「數位轉型」的規劃與布署——如何運用數位科技的方式來達成企業「轉型」的目的。

後「疫」時代，「數位轉型」將會是企業內部至關重要的一項「產品」專案，而產品經理則是至關重要的轉舵手，透過與組織中的其他團隊合作，了解同仁對於即將發布的產品所面臨到的痛點及預期得到的利益點加以歸納分析，做出優先順序，此外，還可以提供產品路線圖給予不

同的利害關係人，並持續蒐集對產品或服務的建議更改。身為產品經理，我們的職責在於發現需要「做什麼」，以及「為什麼」。如何與組織中的其他團隊合作，以確保他們了解業務優先級，以及他們如何轉化為期望的結果。

　　上述所提的「產品經理」當然不是只有一個人，而是泛指組織中與產品相關的經理人（如：企業主、高層主管等），簡單來說就是一個團隊。

　　後「疫」時代，「產品經理」們所扮演的角色就是領頭羊，畢竟風險或危機來臨時，產品或服務肯定是首當其衝，影響甚鉅，唯有「超前布署」逐步提升「產品思維」，企業才能「窮則變、變則通」，進而達到數位轉型的目標。

PM 筆記
本章重點摘要

❶ 「產品思維」不僅是產品經理的核心競爭力，更能讓產品經理能夠有條不紊的完成產品相關工作的一種指導原則與思維方式。

❷ 「好產品」的三要件：滿足使用者的需求或是解決其痛點、好的「使用者體驗」以及適合的「商業模式」。

❸ 產品經理要做出「好產品」的基本原則，就是必須將產品相關的大小事當作自己的事，也就是所謂的「所有權（Ownership）」。

❹ 使用者體驗設計可以讓產品與服務超越單純比較功能規格的產品設計思維。

❺ 所謂的「商業模式」，簡單來說就是指「人流」、「物流」及「金流」三者之間的關係：產品要賣給誰？誰提供產品給公司？公司該付錢給誰？誰又該付錢給公司？更重要的是——產品是否有符合顧客所需要的「價值」。

第二章

做好市場分析、
洞察潛在需求

＃如何做好市場分析？
＃環境、用戶、競品、產業的潛在需求
＃傾聽顧客聲音（VOC）與顧客訪談法（CSV）

電動車市場是一個不斷成長的市場，但不同地區的市場規模和成長率可能有所不同。假如你是特斯拉（Tesla）的產品經理，需要了解全球市場的規模，以確定在哪些地區進一步擴展的話，該如何進行呢？

首先是，**分析競爭環境**。市場上有哪些競爭對手（傳統汽車製造商、新創公司）？產品經理需要評估競爭對手的電動車型號、充電基礎設施和價格策略等面向。

其次是，**分析目標客戶**。不同地區的目標顧客可能有不同的需求。產品經理需要了解各個市場的消費者需求，以調整產品設計和功能。

再來是，**趨勢和機會**。市場分析可能會顯示某些新興趨勢，像是無人車技術或可持續性要求等。產品經理需要考量如何整合這些趨勢，以提供創新的電動車解決方案。

最後是，**風險和挑戰**：市場分析可能會辨識供應鏈問題、政策變化或充電基礎設施不足等潛在風險。產品經理需要制定應對策略，以面對這些挑戰。

2-1 市場研究（調查）的重要性

　　據報導指出，過去企業的新產品失敗，除了產品本身或技術的問題之外，多數是因為市場研究分析不確實所導致，包含了產業環境、目標顧客及競爭對手的分析。

　　這當中的關鍵就在於：任何一個企業在決定製造某種產品之前，必須對潛在的市場作全面的瞭解，然後根據市場的需求制定有效的生產計畫，生產消費者想要的、能賣得出去的產品；反過來，如何將產品推向市場，也必須對市場有清楚的認識，以便採取有效的促銷手段，將生產出的產品以最大市占率傳遞到消費者手中。因此，必須在新產品開發的各個階段當中去關注顧客或消費者的反應，以確保新產品的成功率。絕非是關在實驗室中閉門造車。

　　根據 PDMA 的定義，所謂「市場研究」指的是：「有關公司的客戶、競爭對手及市場的資訊。這些資訊可能源自於初級或次級資料，也可能是質化（定性）或量化（定

量）資料。」

簡單的說，「市場研究」是有系統、有目標的針對資料進行蒐集、辨認、分析及宣傳。

行銷管理大師菲利浦‧科特勒（Philip Kotler）將「市場研究」分為以下六步驟：

1. **定義問題與研究目標**（Define the Objective & Your "Problem"）
2. **發展研究計畫**（Determine Your "Research Design"）
3. **決定研究工具**（Design & Prepare Your "Research Instrument"）
4. **蒐集資料**（Collect Your Data）
5. **分析資料**（Analyze Your Data）
6. **將可視化的資料作為成果溝通**（Visualize Your Data and Communicate Results）

企業在做決策時，因決策者（老闆）的主觀判斷並不一定正確，如果產品經理能適時提供其客觀的資訊蒐集和科學的資料分析，那麼正確決策的可能性就會大大地提高，新產品成功的機會自然也會提高許多。

2-2 市場研究（調查）VS.行銷研究

　　市場研究（Market research）和行銷研究（Marketing research）是兩個相似但不同的概念。

　　市場研究，通常是指針對特定市場進行的調查和分析，目的是瞭解市場環境、消費者行為、競爭對手、產品需求等，以支持企業制定市場策略和決策。

　　行銷研究，則是指針對特定產品或服務進行的調查和分析，目的是瞭解消費者對產品或服務的需求和偏好、價值和定位、品質和滿意度等，以支持企業進行產品或服務的開發、行銷和改進。

　　總的來說，市場研究和行銷研究，都是為了幫助企業更好地理解市場和消費者，但前者更側重於市場層面的調查和分析，後者則更側重於產品或服務層面的調查和分析。

2-3 市場研究的四大方法

　　對產品經理來說，定義問題尤為重要，問題不清楚，自然也無法彰顯研究的價值所在。此外，有市場缺口也不代表就是有市場機會，產品經理必須要透過第一線的「市場研究」才能綜觀全局。

　　一般來說，「市場研究」有下列四種方法：

❖ 1. 定性（質化）市場研究
（Qualitative marketing research）

　　通常應用於新產品開發的初期——探索未知。定性研究的樣本數較小，且不是用抽樣的方式取得，因此結果並不能反應及預測市場母體。其目的不在提供量化的資訊而是在獲取及挖掘消費者對於某議題（產品）的信

念、情感、認知及意見。定性研究提供的是主觀的意見和印象，如：為什麼消費者會購買甲產品而不買乙產品？常見的工具有焦點團體（focus groups）法、深度訪談（in-depth interview）法等。

❖ 2. 定量（量化）市場研究 (Quantitative marketing research)

量化研究使用的樣本數較大，並且採取隨機抽樣的方式進行，透過假設檢定（hypothesis testing）的統計方式來推估市場母體，做出結論。例如：透過問卷調查來估計「有多少人購買甲產品？」

❖ 3. 觀察法（Observational techniques）

觀察法是指由市場研究人員直接或透過儀器設備在現場觀察調查目標顧客的行為動態，並加以記錄而獲取訊息的一種方法。根據「客戶地理位置的遠近」及「對公司專案涉入程度的高低」，觀察法的使用時機可再細分成以下四種類型（如圖 2-1）：

(1) **市場評估**（Market assessment）：客戶距離我方較遠且對公司產品專案涉入程度低，市場研究人員通常運用 Email 調查來觀察客戶對於現有市場或未來趨勢的看法。

(2) **小型專案**（Small project）：客戶距離我方較遠且對公司產品專案涉入程度高，市場研究人員可經由視訊會議觀察客戶的肢體語言，以了解客戶對於目前產品專案的反應。

(3) **潛在需求**（Unconscious needs）：客戶距離我方較近且對公司產品專案涉入程度低，市場研究人員可就近觀察客戶一天的日常生活，藉此挖掘出客戶潛在的需求。

(4) **新產品開發**（New product development）：客戶距離我方較近且對公司產品專案涉入程度高，市場研究人員需要對客戶進行面對面深度訪談，才能真正探索出客戶對於新產品的需求。

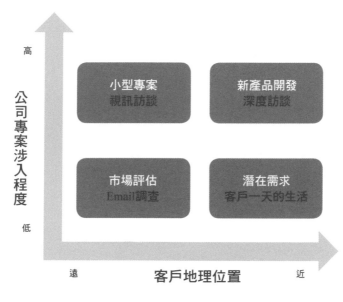

圖 2-1：作者整理

❖ 4. 實驗法（Experimental techniques）

　　實驗法則是藉由操作一個或一個以上之變數，並且控制研究環境，藉此衡量變數間的因果關係。例如：價格彈性（price elasticity）測試等。

　　市場研究人員經常都是綜合使用上面四種方法，他們可能先從二手資料獲得一些背景知識，然後舉辦目標客群訪談（如：定性市場研究）來探索更多的問題，最後也許會因客戶的具體要求而進一步做大範圍全國性的調查（如：定量市場研究）。

洞察顧客需求：VOC 與 CSV

做產品的人都應該明白：產品賣得好不好，其實也說明了消費者是否認同該產品所帶來的「價值」。說得更直白一些，也就表示消費者願不願意從口袋掏錢出來買你的產品。

唯有真正了解顧客、消費者的習慣、思維、想法，這樣才能設計出讓他們感動的產品。

❖ 傾聽顧客聲音
(Voice of the Customer, VOC)

先來說一個故事……

從前有一個國王，他有個極其嬌慣、任性的公主。這個國王又極其寵愛公主，無論公主有什麼願望，國王一定想辦法滿足。有一天，公主說：「父王，我要月亮！」於是國王叫來一個臣僕，說，「把月亮給我女兒摘來，不然我

就殺了你」，臣僕欲哭無淚，最終被國王殺害；緊接著又叫來另一個臣僕，無奈之餘也憤憤而終。在公主的百般哭鬧下，臣僕一個個死去，最終輪到了一個聰明的僕人，他接到任務後，來到公主前謙卑地問：「親愛的公主啊，請告訴愚昧的臣僕，月亮是什麼啊？」公主不耐煩地說：「月亮是什麼你都不知道！月亮就是用金子做的、如手指甲片的大小、彎彎的，晚上就會掛在我窗前的樹枝上，白天不知道被誰偷走了。」此臣僕暗喜，照此炮製，逃過一劫。

對應到新產品開發流程來說，上面故事的意涵就是：公司要能做到「傾聽顧客聲音」——真正去了解他們需要及想要的東西究竟為何？否則，企業推出的新產品就如同上例的一般臣僕，肯定是失敗（被砍頭）成分居多。

根據 PDMA 的定義，所謂的「傾聽顧客聲音」指的是：「利用結構性的『深度訪談』引導受訪者藉由親身經驗找出客戶需求。此外，透過間接詢問所得到之需求恰好可以了解客戶如何找出滿足他們需求的方式，以及為何他們選擇這種特別的解決方案。」

為何要做「深度訪談」呢？其主要的目的在於：藉由促使受訪者自由地暢談他對於所研究主題（例如：××產

品或品牌）的活動、態度以及興趣，以便深入了解受訪者本身的一些觀點。基本上，訪談的時間，大約歷時三十分鐘至一小時。對產品經理來說，可以透過事後對於訪談紀錄、錄影或錄音，以及訪談當時受訪者的情緒反應、姿勢或肢體語言等的仔細分析，來進行資料解讀與洞察。

「傾聽顧客聲音」的重要性至少有以下四個原因：

1. **理解客戶的願望、需求和批評。**
2. **充分掌握客戶對公司產品服務提供的價值的看法。**
3. **了解公司是否履行對客戶的承諾或是在哪些方面未做好。**
4. **充分運用已知所有數據來迭代改進現有產品服務。**

在當今的環境驟變之下，大多數企業應該已經意識到，如果不積極傾聽顧客的意見，快速調整產品服務範疇（例如：現代人樂於透過新工具或新技術追求更輕鬆便捷的生活，形成指尖經濟世代，消費者對購物的訴求轉向更著重省時便捷、快速找到多元商品等），就不可能順利開展業務，進而達到轉型的目標。

❖ 顧客訪談法
(Customer Site Visit, CSV)

　　根據 PDMA 的定義：「顧客訪談是一種挖掘顧客需求的定性市場研究（qualitative market research）方法及工具。主要是藉由觀察顧客端的實際操作與公司想要解決顧客問題之間的關聯性，然後提出重點報告，包括：顧客做了哪些動作？為何做這些動作？碰到問題時，顧客如何去解決以及成效如何？」

　　由上述的定義來看，顧客訪談可以歸納為以下兩點：

　　第一，「顧客訪談」是在新產品開發的初期階段，所採行的一種工具方法。藉由與顧客的訪談，來發掘顧客潛在的需求或顧客所碰到的問題。此外，新產品還必須能夠完成顧客的重要工作／任務，或是解決其所面對的痛苦，抑或是滿足了消費者某部分的利益，這樣的產品才具有誕生的價值。

　　第二，「顧客訪談」並非是業務的專屬工作，新產品要能成功，產品經理就必須在新產品開發流程的各階段與目標顧客緊密互動──從點子發想到產品上市，並包含以下五大內容：

1. 獲得顧客使用產品更深層的洞察。

2. 了解顧客所尋求的利益為何？

3. 辨識顧客所面對的問題為何？

4. 傳達顧客產品發展方向。

5. 學習顧客如何去解決所面對的問題。

對產品經理來說，「顧客訪談」必須是定期的、有計畫性的安排在新產品流程的各個階段，與顧客互動愈積極、愈緊密，相信產品成功的機率也愈高。

總的來說，產品經理落實「傾聽顧客聲音」並做好「顧客訪談」除了有助於洞察顧客需求之外，還可以帶給企業以下五大好處：

1. 更好的顧客體驗。

2. 優質的產品和服務。

3. 改善決策品質。

4. 改進操作流程。

5. 實質上的營收成長。

2-5 競品分析的重要性

　　競爭永遠是大自然的永恆法則！

　　《孫子・地形篇》提到：「知彼知己，勝乃不殆；知天知地，勝乃可全。」從新產品開發的角度來看，所謂的「知彼」指的是了解你的競爭對手；「知天知地」則是了解所處的競爭環境。對產品經理來說，做產品不能只有考慮到使用者以及所處的產業環境，過去有很多好產品是被競爭對手打敗的，所以競爭對手分析對於公司的新產品能否攻城掠地是很重要的。

　　關於市場分析、競品分析、產品分析和產品體驗分析的目的及角度，整理如下表。

類型	目的	角度
市場分析	市場機會 產品定位	市場規模（TAM/SAM/SOM） 市場區隔／目標市場／產品定位
競品分析	競爭態勢 市場變化	產品：功能、設計、技術、團隊、營運 用戶：$APPEALS
產品分析	對手產品（線）動態	產品設計（使用者體驗要素） 產品商業模式（精實畫布）
產品體驗分析	某個產品現況	產品設計（使用者體驗要素）

表格：作者整理

❖ 如何估算市場規模

市場規模有多大？這通常是個大哉問的問題。因為我們所面對的外部環境變化日益加速，「評估」兩字儼然成為一個動態的過程，對產品經理來說，必須要對市場規模不斷進行調整和修訂，以保證其在一定時間範圍內的準確性。

根據史丹佛大學教授，同時也是矽谷知名創業導師，史蒂夫・布蘭克（Steve Blank）在 *The Startup Owner's Manual* 提及，計算一個創業市場需要估計 TAM、SAM、SOM 的價值，所以簡單來分有以下三類（如圖 2-2）：

1. **整體潛在市場**（Total Addressable Market, TAM）：是指一款產品在現有市場上真正潛在可以達到的市場規模，或者說你希望產品未來希望覆蓋的消費者人群規模。
2. **服務可觸及市場**（Service Addressable Market, SAM）：即你的產品可以服務觸及的覆蓋人群。
3. **可獲得服務市場**（Serviceable Obtainable Market, SOM）：即你的產品實際可以服務到的市場範圍，這要考慮到競爭、地區、銷售通路等其他市場因素。

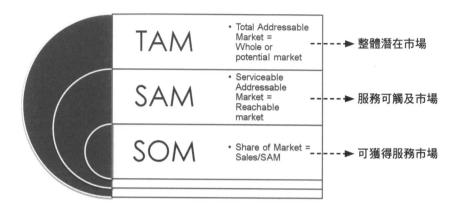

圖 2-2：作者整理；資料來源：singlegrain.com

　　SOM「可獲得服務市場」代表產品或服務的短期銷售潛力（Sales／SAM），SAM「服務可觸及市場」代表產品或服務的目標市場份額（Reachable market），TAM「整體潛在市場」代表產品或服務的潛在規模（Whole or potential market）。SOM 和 SAM 是企業的短期目標，也是最重要的目標，如果企業無法在市場區隔獲得成功，那麼要占據更大的市場就無從談起了。所以在評估市場規模時，要重點關注 SOM 與 SAM。

創業與產品開發都是從 0 到 1 的過程。假設老闆就是投資者，對產品經理來說，最重要的不是你所計算的市場規模多麼真實多麼驚人，而是這個觀點要多麼可行才能讓投資者（老闆）信服你，然後來投資（新產品）。

❖ 客戶需求定義和產品定位：$APPEALS

$APPEALS 是 IBM 在 IPD（Integrated Product Development）產品開發方法論中，一種了解客戶需求、確定產品市場定位的工具。一般是使用在市場規劃和產品規劃的市場區隔中，因為可以從多個維度，不同的權重來分析需求，所有 $APPEALS 一定會關聯到市場區隔及競爭對手，涉及到差異化分析和《藍海策略》中提及的價值創新（減少、提升、消除、創造）。「差異化」可以說是理解市場和分析市場中的一個重要內容，只有清楚了差異化才能夠樹立自己產品的核心競爭力。

$APPEALS 從八個方面對產品進行客戶需求定義和產品定位。簡單說明如下：

- $-**產品價格**（Price）：這個要素反映了客戶為一個滿意的產品（交付）以及希望支付的價格。

- A-**可獲得性**（Availability）：這個要素描述了客戶在容易和有效兩方面的購買過程。
- P-**包裝**（Packaging）：這個要素描述了期望的設計品質、特色和外觀等視覺特徵。
- P-**性能**（Performance）：這個要素描述了客戶對這個產品服務交付期望的功能和特徵。
- E-**易用性**（Easy to use）：這個要素描述了交付的易用屬性。
- A-**保證程度**（Assurances）：這個要素通常反映了在可靠性、安全和品質方面的保證。
- L-**生命週期成本**（Life cycle of cost）：這個要素描述了用戶在使用產品服務的整個生命週期的成本。
- S-**社會接受程度**（Social acceptance）：這個要素描述了影響用戶購買決定的其他影響。

$APPEALS 除了是客戶需求分析的一種方法之外，也是市場研究過程中，競品分析的有效模型，產品經理可以從上述八個要素著手建立競品分析表格，對不同競品的每個要素進行直接對比，從而找到差異競爭點。

更甚者，產品經理在面對「競品分析」不僅是對競爭

對手產品的分析，還要跳出「產品」看競爭。

　　整體來說，「市場研究」對於企業的行銷決策特別重要，尤其是對新產品是否能成功上市，更是關鍵所在！但企業是否值得針對某項決策進行全面深入的市場研究（調查），尚需考慮該項決策的重要程度、需要的資訊及相應的市場調查之規模、方式、所需的時間和費用和可能帶來的收益等等。

本章重點摘要

❶ 企業的新產品失敗，除了產品本身或技術的問題
之外，多數是因為市場研究分析不確實所導致。

❷ 「市場研究」指的是有系統、有目標的針對資料
進行蒐集、辨認、分析及宣傳。

❸ 市場研究和行銷研究，都是為了幫助企業更好地
理解市場和消費者，但前者更側重於市場層面的
調查和分析，後者則更側重於產品或服務層面的
調查和分析。

❹ 洞察顧客需求的兩大工具：傾聽顧客聲音
（VOC）與顧客訪談法（CSV）。

❺ 產品經理在面對「競品分析」不僅是對競爭對手
產品的分析，還要跳出「產品」看競爭。

第三章

為何而戰、
為誰而戰的產品策略

＃產品策略的重要性
＃願景、使命、核心價值

曾經有學員問我一個問題，相信這個問題也應該困擾過許多企業的新產品開發……

　　學員：「老師，我們幾位是某某新創公司，目前產品已經開發好了，想請問老師的是，這個產品我們不知道要賣給誰（目標顧客）？」

　　我：「喔，那你們當時為什麼想要開發這個產品？」

　　學員：「因為我們覺得有市場啊！」

　　看到這裡，多數人應該可以理解他們的問題究竟在哪裡。對於目標市場及顧客沒有深入研究的情況下，就埋首於產品開發，這無疑是為後續產品上市先種下失敗的種子；再來是，「產品已經開發好」這件事是誰說了算？當然是目標顧客說了算，怎麼會是自己的認知呢？

3-1 產品策略的重要性

　　早期企業產品的生成幾乎都是透過創辦人（老闆）的靈感、經驗或是專業技術來進行新產品開發，這種所謂的「策略」，更直白一點說，一切都是「老闆說了算」。

　　有句話說「決策錯誤比貪汙更可怕」，凸顯出「決策」品質的重要性，而決策的最上層則是「策略」，從組織管理的角度，則是一種由上而下的策略模式。

　　競爭力策略大師麥可·波特（Michael E. Porter）對「策略」的解釋是，「它定義並傳達了組織的獨特地位，並說明如何結合組織資源、技能和能力來實現競爭優勢。」

　　行銷大師菲利普·科特勒則認為「策略」是「公司根據其行業地位、機會和資源實現其長期目標的遊戲（作戰）計畫。」

　　PDMA 則指出，「產品策略」的形成是源自於公司的願景、使命及核心價值。

相信很多讀者看到這裡，可能還是無法理解「產品策略」究竟是什麼？

我通常會引用邁可‧麥格拉斯（Michael E. McGrath）在其著作 *Product Strategy for High Technology Companies* 中的解釋來說明：

「產品策略就像是路線圖一樣，只有當你知道身處何處，以及想去哪裡時才能發揮作用。」

這句話如果用開車使用導航系統來比喻就再清楚不過了，「當我們對於開車要到達的目的地不明確時，通常的做法即是使用導航系統或 Google map，這時會先設定起點（A）或透過 GPS 定位目前位置，然後再輸入目的地（B），緊接著系統會出現不同的路線規劃（策略），而我們所選擇的路線則是要達到目的地的手段與方法（產品服務）。」

另外，我們也可以使用專案管理知識體的基本概念 ITTO（Input、Tools／Techniques、Output）來說明「產品策略」：

● Input（**輸入**）：企業的願景、使命與核心價值。

● Tools／Techniques（**工具／方法**）：PESTLE 分析、

五力分析、安索夫矩陣、SWOT 分析等策略分析工具。

- Output（**輸出**）：產品創新章程（Product Innovation Charter, PIC）。

這裡幫大家補充一下策略分析工具的簡單說明：

- 「PESTLE **分析**」法，指的是利用環境掃描分析總體環境中的政治（Political）、經濟（Economic）、社會（Social）、科技（Technological）、法律（Legal）、環境（Environmental）等六種因素的一種模型。這也是在做市場研究時，屬於外部環境分析的一部分，能提供公司一個針對總體環境中不同因素的概述。
- 「**五力分析**」法，是由麥可・波特在 1979 年提出的，是當前策略管理領域中少數有「預測力」的分析工具。「五力分析」架構則是假設產業潛在獲利能力被五大力量左右：1. 買方（顧客）的議價能力、2. 賣方（供應商）的議價能力、3. 產業中競爭激烈的程度、4. 潛在競爭者（新進業者）進入的威

脅、5. 替代品的威脅。藉由消弭這五力減少獲利因子，辨別能夠創造價值的商業活動，企業可更清楚自身處境。

● **「安索夫矩陣」**是由策略管理之父伊格爾‧安索夫（H. Igor Ansoff）在其 1965 年的經典著作*Corporate Strategy* 中提出，是一 2×2 的矩陣，以產品和市場作為兩大基本面向（因此又簡稱為 PM 矩陣）。安索夫矩陣的橫軸為「新產品及現有產品」，縱軸為「新市場及現有市場」，劃分出 4 種產品／市場組合和相對應的市場行銷策略，用來分析不同產品在不同市場的發展策略：

1. 市場滲透（Market Penetration）
2. 市場開發（Market Development）
3. 產品開發（Product Development）
4. 多樣化經營（Diversification）

● **「SWOT 分析」**是 1980 年代由美國舊金山大學管理學教授韋里克（Heinz Weihrich）以及史坦納（G.A. Steiner）等學者提出的概念為基礎而衍生的策略分析方法。從「優勢」、「劣勢」、「機會」，以及

「威脅」四個面向進行產業分析。優勢和劣勢考量主要從企業內部思考是否利於產業競爭；機會和威脅則是針對企業外部環境進行探索，探討產業未來情勢之演變。

如上所述，大家應該發現到──「產品策略」的產出即是「產品創新章程」。那麼，什麼是「產品創新章程」？

所謂的「產品創新章程」是一份由高階主管制訂的策略性質文件，用來導引各個事業單位在新產品創新所扮演的角色，亦可被視為新產品的策略，它能確保新產品團隊所開發的產品，與能掌握市場機會之公司目標和策略具有一致性。一份完整的「產品創新章程」包含以下內容：

1. **背景說明**（Background）：關鍵構想來自於情勢分析；高階的指令具特定影響力；準備新 PIC 的理由。
2. **焦點／戰場**（Focus arena）：至少有一個清楚的技術及行銷構面，相互配合且具高度潛力。
3. **短期／中長期目標**（Goals-Objectives）：包括專案

將完成的短期或中長期目標及評量的方式。

4. **準則**（Guidelines）：依情勢或高階主管所制定的任何「守則」。創新性、進入市場的順序、時間／品質／成本。

這裡我以「洗脫烘三合一洗衣機」為例，說明撰寫 PIC 的要點：

1. **背景說明**

● 根據市場資料顯示，洗脫烘三合一洗衣機正以年複合成長率（CAGR, Compound Annual Growth Rate）15%持續成長中。

● 都會區房價過高，中小家庭的屋內空間有限；加上台灣地處亞熱帶型氣候，多雨潮濕的天候，導致衣物不易風乾，因此，對於多功能的洗衣機有一定的需求。

● 雖然市場上已有類似的機種出現，公司將以更先進的技術推出速度更快、功能強化且具有競爭力價格的產品。

2. 焦點／戰場

● 容量 10 公斤、萬元以下、最輕巧、高品質、高效能的洗脫烘三合一洗衣機。

3. 短期／中長期目標

● 短期目標：第一年將以 5 萬台（台灣）為銷售目標，國內品牌市占率達到前三位。

● 中長期目標：三年內達成國內品牌市占率第一名、五年內達到年度銷售百萬台（台灣）之目標。

4. 準則

● 進入市場順序：第一年將以北台灣（北北基）為主，逐漸往中南部延伸。

● 功能特色：有效降低平均洗衣（洗脫烘）的時間。

● 品質成本：建立一套有效的經銷商管理系統，除了讓經銷價格透明化，避免價格混淆；此外該系統也必須提供客戶對於產品的問題意見及回饋建議。

根據 PDMA 的調查，有 75% 的公司其內部都會有一份正式的新產品開發文件（格式接近 PIC），通常 PIC 愈詳盡，公司產品創新的機率愈高；另外，公司的使命及高階主管愈詳盡描述 PIC，則其新產品的績效愈佳。

另外，依據羅伯特・庫珀（Robert G. Cooper）對於企業新產品創新策略的調查，標竿企業有以下的特點：

1. **公司對於新產品開發有明確的目標（goals or objectives）設定。**
2. **公司所有成員皆明白新產品對於達成企業目標所扮演的角色。**
3. **公司對於將進軍的戰場（arenas）非常明確。**
4. **公司對於新產品開發有長期的策略要點**

因此，一個好的策略應能超過功能的迭代，聚焦在更高階的目標和願景上，並可支撐組織數年。如果身為公司高層或產品領導者的你，每年或每月都在更改策略，又沒有數據資料或市場面的充分理由，那麼你是將策略視為一個計畫而不是一個框架。

總的來說，我對於「產品策略」看法則是八個字——**「為何而戰、為誰而戰」**。

3-2 產品策略三要素

❖ 要素一、願景（Vision）
或願景聲明（Vision statement）

　　根據維吉尼亞聯邦大學（Virginia Commonwealth University）行銷學教授，專注於研究產品創新、產品管理及新產品開發領域的肯尼斯・卡恩（Kenneth B. Kahn）的定義，所謂的願景「是一種想像的方式，根據充分的資訊發揮明智的洞察力，呈現出在新產品開發實際限制的可能性。它描述了一個產品或組織的最渴望之狀態。」相信這樣的解釋，很多人還是霧裡看花。如果用更精簡的方式來說，所謂的願景，指的就是「公司未來的發展方向」。

　　為了讓更多人能理解公司未來的目標（aim）是什麼，於是有企業開始採行用一句話的方式來說明，這就是所謂的「願景聲明」。

根據維基百科的解釋，願景聲明除了說明「組織未來的發展方向」之外，更包含了以下三個要素：

(1) 著眼於未來（通常是 3-5 年）；

(2) 靈感（inspiration）的來源；

(3) 決策（decision-making）的準則。

願景聲明的範例

　　IKEA – To create a better everyday life for the many people.（為多數人創造更好的日常生活）

　　Uber – We ignite opportunity by setting the world in motion.（我們通過推動世界前進來創造機會）

❖ 要素二、使命（Mission）
或使命聲明（Mission statement）

　　所謂的使命，一般涵蓋了組織的信條、理念、宗旨、業務原則和公司的信念。而使命聲明則是組織內部一份正式且簡短的書面說明，用來指導組織的行動、闡明組織的總體目標、提供方向並做出決策。並包含以下四項要素：

(1) 提供的產品和服務是什麼？

(2) 將服務的客戶是誰？

(3) 如何提供產品和服務？

(4) 預期結果是如何？

簡單來說，使命聲明即是公司策略的框架。

使命聲明的範例

IKEA – Our business idea supports this vision by offering a wide range of well-designed, functional home furnishing products at prices so low that as many people as possible will be able to afford them.

（我們的經營理念是通過以低廉的價格提供各種設計良好及功能齊全的家居裝飾產品來支持願景，並盡可能讓更多的人能夠負擔得起）

Uber – Make transportation as reliable as running water, everywhere, for everyone.

（讓交通運輸對全球每個人就像流水一樣可靠）

那麼，願景和使命有何不同？

如上述，願景著眼於未來組織要發展成為什麼模樣，而使命則是著重於當前組織的工作與任務。兩者的關聯性比較，整理如下表：

	願景	使命
意涵	夢想	計畫
主要特點	鼓舞人心、清晰、易於溝通	確定「夢想」將如何實現
時間軸	長期	短中期

表格：作者整理

但不知道大家有沒有發現，有愈來愈多的公司將兩者合而為一，如同微軟：

Our mission is to empower every person and every organization on the planet to achieve more.（我們的使命是幫助地球上的每個人和每個組織取得更大成就）

特斯拉的前董事長，有矽谷狂人之稱的伊隆・馬斯克（Elon Musk）所創辦的 SpaceX 公司，更只有言簡意賅的一句使命 – Make going to Mars a reality in this lifetime（這一生讓去火星成為現實），還有些公司是將兩者互換……在在顯示出兩者對企業制訂策略的重要性。

另外，究竟是先有願景才有使命，還是先有使命才有願景？

我的看法是，從策略規劃（Strategic planning）及 PDMA 的角度來看，如果是新創（start-up）事業，則是先有願景之後，才能引導使命，並制定 Strategy（如圖 3-1）；對於已經發展成熟的組織，使命則通常是導引並實現願景的手段與任務，這也說明了為何許多知名企業（上述提到的微軟），已經將願景和使命合而為一，甚至於只有使命的原因了。

此外，還有一種說法即是從企業經營管理的角度來看

「組織為何存在？」，因此，目的（Purpose）才是第一，
其次才是願景與使命（如圖 3-2）：

(1) Purpose statement：指的是組織為什麼（Why）存
在？

(2) Vision statement：指的是組織實現的目標是什麼
（What）？

(3) Mission statement：指的是組織如何（How）計畫
去實現願景？

你的看法又是如何呢？

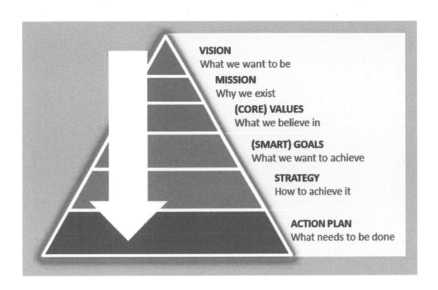

圖 3-1：資料來源：slidehuntcr.com

圖 3-2：作者整理

❖ 要素三、價值（Value）或價值聲明（Value statement）

根據 PDMA 的定義，所謂的價值，指的是「個人或公司依附於某種情感（emotion）的程度之任何準則。是公司策略形成的重要元素之一。」

而「價值聲明」則是用一句話來代表公司的「指導原則」，其所代表的意涵會因為執筆的人不同而有所差異。通常「價值聲明」用來告訴顧客及員工：「公司在其心中的位置為何？」以及「公司始終深信的是什麼？」

> **價值聲明的範例**
>
> P&G（Procter & Gamble）寶僑
>
> ・Integrity（正直誠信）
>
> ・Leadership（領導力）
>
> ・Ownership（所有權）
>
> ・Passion for winning（對勝利的熱情）
>
> ・Trust（信任）

「價值聲明」最重要的目的就是要顯示公司的信念，而非僅僅只是口號宣傳。「價值聲明」除了指出下一步要做的事情、如何採取行動等背景的框架之外，還可以提供一個可以影響和團結整個公司運營的核心。

總的來說，關於企業制定「策略」的重要性及與「產品策略」的關聯性，我有兩點看法：

第一，好的策略不是詳細的計畫，而是一個能幫助企業高層做出決策的框架。

不過，多數公司往往是反其道而行，老闆通常會召集員工一起想策略（如：舉辦共識營、Kick-off meeting 等策略會議），因此，產品最終會成功或失敗，不能說全然是因為老闆，但肯定是有很大的關聯。

第二，多數公司把「產品策略」視為一份由利害關係人的願望清單和如何實現這些願望的詳細資訊組成的文件。這種瞻前顧後的下場，最終將導致產品方向混淆不清，失敗風險必然增加。

那麼，身為產品經理的你，該負起什麼樣的責任呢？我認為產品經理應該是老闆在制定「產品策略」時最重要的幕僚，必須要站在老闆的高度來思考公司為何需要開發新產品的理由，如此，才有機會提升新產品成功的機率。

本章重點摘要

❶ 從組織管理的角度,「策略」是一種由上而下的決策模式。

❷ 一個好的策略應能超過功能的迭代,聚焦在更高階的目標和願景上,並可支撐組織數年。

❸ 「產品策略」的產出即是「產品創新章程」。

❹ 「產品策略」三要素:願景、使命、核心價值。

❺ 產品經理是老闆在制定「產品策略」時最重要的幕僚,必須要站在其高度來思考公司為何需要開發新產品的理由。

第四章

顧客要的不只是產品本身，而是價值

Spotify 的獨特之處在於其巨大的音樂庫、個性化播放列表、離線收聽功能，以及社交分享選項。不僅滿足了無縫接軌的音樂串流體驗，也解決了隨時隨地欣賞音樂的需求。因此，Spotify 的價值主張即是：「提供一個無限的音樂世界，讓使用者隨時隨地欣賞他們喜愛的音樂。」

4-1 為顧客創造價值的重要性

顧客要的不只是產品本身，而是價值！

談到「商業模式創新」，相信大家都會聯想到由《獲利世代》的作者亞歷山大・奧斯瓦爾德（Alexander Osterwalder）所創立的 Business Model Canvas（BMC）工具（如圖 4-1），在這份商業模式草圖（九大區塊），你會發現並沒有一個區塊叫做「Products」。第一次看到的人會覺得很奇怪，創業不是在做一個很棒的產品，為什麼在整個 BMC 上，卻沒有一個地方來放這些產品呢？更重要的是：九大區塊的中心為「Value Proposition（價值主張）」，這又是為什麼呢？

其實答案應該是非常顯而易見：（如前所述）顧客要的不僅僅是產品本身而已，他們要的是誰來幫他們解決痛苦的問題？誰來協助他們完成工作／任務？以及誰來幫他們「創造價值」？

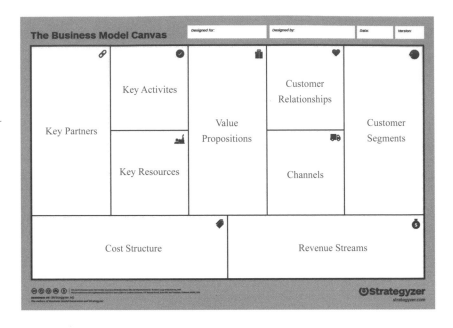

圖 4-1：資料來源：strategyzer.com

❖ 麥可‧波特：企業競爭策略

雖是如此，但能做到「創造價值」又能成功的企業畢竟是少數，對當今企業來說，不論你從事的是哪一種行業，銷售的是哪一種商品，都會有成千上萬的競爭對手跟你做一樣的事情，雖然麥可‧波特在 *The Competitive Advantage: Creating and Sustaining Superior Performance* 一書當中告訴我們可以採行以下三種基本競爭策略（如圖

4-2）來因應：

1. **成本領導**（Cost Leadership）**策略**

　　成本領導策略就是使成本相對低於競爭對手。採取這個策略，就必須嚴格控制各項成本，提高營運效率（但品質也不能完全偏廢）。低成本優勢常會帶來規模經濟（economies of scale），並造成進入障礙。但採用低成本策略，也必須大筆投入前期資金，以支應設備、掠奪式（超低價）定價（predatory pricing）和建立市場占有率的開辦虧損，建立高市占率後，才能進一步取得採購經濟，追求更低成本。

　　簡單來說，企業在實施成本領導策略時，不是要開發性能領先的高端產品，而是要開發簡易廉價的大眾產品。

2. **差異化**（Differentiation）**策略**

　　差異化策略則是「使公司所提供的產品或服務與對手形成差異，創造出該產業都視為獨一無二的產品」。所以，品牌、產品設計、專利技術、客戶服務或經銷通路，都可以是產生差異的地方，而且「最好能在多個面向形成差異」。實行差異化策略，勢必提高成本，因為創造差異的活動（投資研發、設計、提高品質、加強客服等），都

需要相當大的花費。但波特強調，公司不可能為了差異化而不計成本，只不過「成本」不是首要的策略目標。差異化會降低顧客對價錢的敏感度，進而「使該產品與競爭絕緣」──這就等同於進入「藍海市場」。

簡單來說，凡是走差異化策略的企業，都是把成本和價格放在第二位考慮，首要考量則是能否設法做到標新立異（著重創新，而非為了差異化而差異化）。

3. 目標集中（Segmentation）策略

目標集中策略則是「專注於特定目標的公司，與那些競爭範圍較廣的對手相比，以更高的效率或效能，達成自己小範圍的策略目標」。例如：蘋果電腦專注於美學設計專業人士市場。

但是實際上這世界是殘酷的，你會的別人也會，這就造成公司銷售的商品、市場通路甚至是行銷策略都差不多，最終你就會落到價格比較這一件事上，也就是所謂的「紅海市場」。

簡單來說，實施目標集中策略的企業，或許在整個市場上並不占優勢，但卻能在某一較為狹窄的範圍內獨占鰲頭。

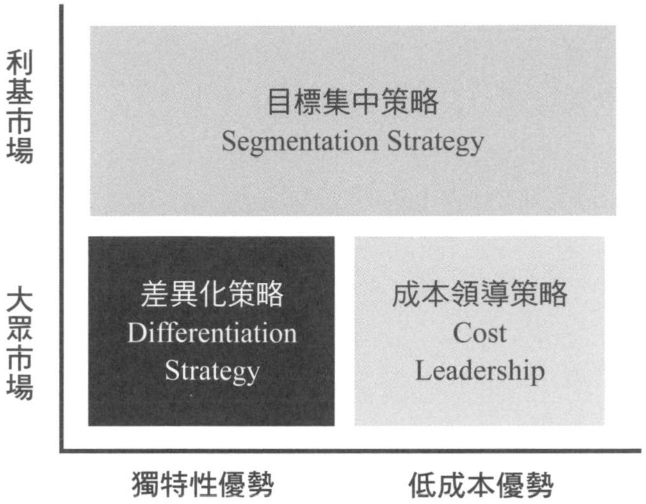
利基市場
大眾市場
目標集中策略
Segmentation Strategy
差異化策略
Differentiation
Strategy
成本領導策略
Cost
Leadership
獨特性優勢
低成本優勢

圖4-2：作者整理

❖ 如何創造價值：價值主張草圖

對應到實際企業運作上，創造價值即是「提升顧客價值」或是「創造顧客願意付錢的價值」。換言之，唯有使用者、顧客、消費者願意掏出口袋中的錢，來購買你所提供的產品或服務，價值方才存在。因此，站在顧客角度思考，哪些商品能滿足其需求，或是為其解決問題，並且能即時提供對應的產品服務，方是顧客價值之提供。

對產品經理來說，必須先思考顧客需要什麼，他們願意出多少錢，有了這些認知之後，再決定該製造什麼產品，並計算出你製造成本。

根據 PDMA 的定義，所謂價值主張，指的是「一個簡短、清楚且簡單的陳述，用來說明如何度量一個提供價值給潛在顧客之產品概念（Product Concept）。價值的重要性權衡於『顧客從新產品當中所獲得的利益』以及『顧客願意付出的價格』之間。」

由此可知，「價值主張」強調的是，對顧客感知價值和傾聽顧客聲音的反應，是市場研究的成果以及對顧客洞察的描述，也是產品概念陳述（Product concept statement）的基礎。

簡而言之，「價值主張」即是用一句話來描述你的產品服務的核心利益（Core benefits）是什麼。建議可以參考以下模板來撰寫：

針對【目標市場】【產品名稱】提供【核心利益】與其他競爭對手的區別【差異化特色】

以我所創建的「PM Tone｜產品通」網站為例：

針對【現在是產品經理、或是未來立志要成為產品經理的上班族】，【PM Tone｜產品通】將提供【動手實作、跨業交流、培訓認證】的【知識庫與人才庫】

實務上，「價值主張」亦可以透過「價值主張草圖（Value Proposition Canvas）」這個工具（如圖 4-3）來協助產生。

價值主張草圖（VPC）亦是由商業模式草圖的發明者——亞歷山大・奧斯瓦爾德所建立的。VPC 基本上是由「價值地圖（Value Map）」+「顧客素描（Customer Profile）」組合而成的。更重要的是，必須做到價值「適

配（Fit）」。企業要為了顧客創造價值，就必須為自己的事業創造價值，而要為自己的事業創造價值，就必須為了顧客創造價值，據此不斷循環，不斷的創造價值。對產品經理來說，在設計價值主張草圖時，可以先反問自己：「是否替公司與顧客創造了價值？」

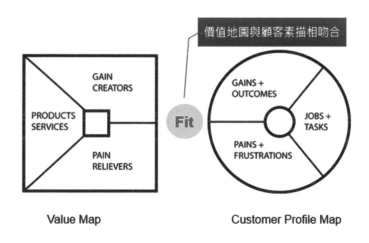

圖 4-3：作者整理

4-2 為顧客解決問題的能力

　　所謂工作，就是不斷解決問題。如果不知道如何思考解決問題的方式，就會像是打地鼠一樣，總是為了解決眼前問題而疲於奔命。舉例來說，過去在組織內部，我們經常會遇到「產品銷售不佳」導致「業績下滑」的情況，多數主管或老闆最常提出的解決之道可能是「多做促銷活動」或是「多去拜訪客戶」的做法，這種未經深思就去做的特性，很容易讓公司陷入過去的慣性，因而無法提出真正有效解決問題的對策。

　　「解決問題」，是一種兼具創造性、操作性的思維方式和智力活動。需要將許多已知的東西加以組織，運用這些智慧以找出解決方法或途徑。解題的「方法（過程）」和「答案（產品）」是同樣重要的。對問題的發現、釐清及邏輯思考的能力，經常是「解決問題」的第一步。

以新產品開發為例，當產品經理遇到問題的時候，有人會想盡辦法突破困境，也有人總是能以獨特的見解或點子來改變現狀，如果能理解這些產品經理是如何思考問題，如何看待身邊的人事物，是否就能提升思考的品質？以及提高解決問題的效率呢？

管理大師彼得・杜拉克（Peter Drucker）曾說過：「最危險的，不是提出錯誤的答案，而是提出錯誤的問題；最需要的，不是提出正確的答案，而是提出正確的問題。」

❖ 麥肯錫：「解決問題」的七步驟

在《麥肯錫最強問題解決法》一書中，兩位顧問查爾斯・康恩（Charles Conn）及羅伯・麥連恩（Robert McLean）發展出「解決問題」的七步驟，簡述如下：

步驟一、定義問題（Define the problem）

優秀且精準地敘述問題就等於解決了一半問題。

定義明確，不籠統；能夠清楚地衡量成功與否；定義有時間範疇，符合決策者的價值觀；涉及明確行動。

步驟二、結構化問題（Disaggregate）

分解問題，發展出進一步假設。

使用各種邏輯樹，簡要熟練地把問題分解成多個部分，以進行分析，從各種假說推演出解答。分解問題時，通常會嘗試幾種不同的切割法，看看哪種切割法能產生最好的洞見。

步驟三、排序議題（Prioritize）

排定「做什麼」及「不做什麼」的優先順序。

排序分析的目的是協助我們找出有效率解答問題，並且對團隊的時間與資源做出最佳利用的關鍵路徑（critical path）。

步驟四、發展議題及訂時程表（Workplan）

將假設發散為具體流程，團隊逐一認領任務並在時限內完成。

根據排序分析的每個連結安排工作計畫與時間表，並分派團隊成員去做明定結束與完成日期的分析工作。

步驟五、執行分析（Analyze）

蒐集事實與分析以檢驗假設，同時避免認知偏誤（cognitive bias）。

為了讓團隊保持在關鍵路徑上，麥肯錫內部經常使用「一日解答（one-day answers）」來表達對於情況、觀察

及初步結論的最佳了解，並且舉行團隊檢討會議，對於這些假說進行壓力測試。

步驟六、彙整資料結果（Synthesize）

整合分析的發現與結果，凸顯論點。

從個別分析得出結論後，必須把分析獲得的發現組合成一個邏輯結構，檢驗有效性，再以一種讓其他人相信你有一個很好的解決方案之方式進行統合。

步驟七、提供建議及解決方案（Communicate）

以具有說服力的方式向客戶溝通，說服大家執行。用結論發展出一個故事情節，與先前的問題陳述及定義的課題連結。

對產品經理來說，除了要面對團隊成員的大小事之外，還得應付廠商客戶老闆等利害關係人並處理開發過程中發生的繁瑣事務。如果能在分工合作的過程中，讓團隊所有成員使用「共同語言」、了解流程中扮演的角色，從中找出問題、原因及研擬對策，新產品開發的任務將會更有效率地完成。

記得！解決問題的重點不一定都在科技。有時候無須找到新的科技，只要質疑自己過去所相信的概念，就有可能找到新的解決方法。

❖ 「解決問題」的五大迷思

對應到新產品開發流程來說，產品經理必定面臨到諸多問題需要解決時，除了要懂得如何「解決問題」的步驟、流程（麥肯錫「解決問題」七步驟）之外，更要注意如何避免以下的迷思：

迷思一：把簡單問題，用複雜的方式去解決

其實大多數的產品經理都是用「把簡單的方式複雜化」來解決問題，卻往往不自知，原因就在於他們對於問題的定義不清楚，導致花了許多時間仍無法直搗問題核心，更遑論能有效將問題解決。

迷思二：認為錢能解決的問題就不是問題

不僅過於低估錢的力量，也過於高估人的力量。產品經理要注意的是：團隊成員之間的溝通有時是超過錢能處理的範圍，此外，還有一點要特別留意，就是不能逾越了公司及法律上的規定。

迷思三：試圖完美地解決問題

有些產品經理由於對自身產品要求完美，常常在產品會議討論當中，會不經意的要求產品團隊成員務必解決

「不完美」之處，雖然說產品經理對產品要求固然是件美事，但如果只是因為一些相對於產品上市來說較不重要的需求規格進行調整，其所造成的影響可能不僅僅是產品延遲上市，相信公司的業績也會大受影響。

迷思四：解決問題的速度要很快，所以先做再說

在新產品開發流程當中，產品經理每天可能都要面對許多棘手的問題，一旦有問題懸而未解，勢必會影響整個新產品的運作。當然，快速的面對、解決問題肯定是具有正面效應。不過，實務上，我常發現產品經理的處理方式卻是「挖東牆補西牆」，欠缺全面性思考，不僅未解決問題，反而製造出更多問題。對產品經理來說，「謀定而後動」應該是較為縝密的做法。

迷思五：根據過去經驗，來面對及解決新產生的問題

許多企業在面臨問題時，都會根據過往經驗來解決問題，好比武俠小說裡面的「天龍八部」，見招拆招。不過，多數企業似乎忽略了產業、競爭對手、消費者……面對環境改變所產生的變化，而這些劇變，似乎無法有相對應的「招式」來面對。因此，對於產品經理來說，參考過去經驗固然可貴，也必須要持續不斷地學習新招式來面對

及解決新產生的問題。

美國史丹佛大學心理學家德葳克（Carol Dweck）提出了「成長思維（Growth Mindset）」的概念，認為一個人的學習能力不是「固定的」，而是可以不斷成長的，稱為「成長的思維定式」。在日常生活或工作上，我們碰到的問題或許不像大公司集團所經手的那麼龐雜艱難，但是我們可以學習以同樣的邏輯思維來面對每一個問題。

對產品經理來說，當你認為問題還沒有完全解決時，你會想盡辦法，嘗試新的技能、知識，或尋求幫助。這樣的「成長思維」將是促使你不斷地保持創新的動能。

面對 VUCA 時代，「價值主張」具有動態特性，並非一成不變，而是隨著時代脈動不斷在改變。對企業高層及產品經理來說，再好的「價值主張」也有過時的時候，唯有不斷挖掘顧客痛點、強化自身解決問題的能力，並適時更新及迭代產品服務內容，未來只有誰的「價值主張」最能迎合顧客的需求，誰將成為競爭大贏家。

本章重點摘要

❶ 顧客要的不只是產品本身，而是價值！誰來幫他們解決痛苦？誰來協助他們完成工作／任務？以及誰來幫他們「創造價值」？

❷ 麥可・波特的三種基本競爭策略：成本領導策略、差異化策略以及目標集中策略。

❸ 「價值主張」即是用一句話來描述你的產品服務的核心利益（Core benefits）是什麼。

❹ 對問題的發現、釐清及邏輯思考的能力，經常是「解決問題」的第一步。

❺ 不斷學習新知識與技能的「成長思維（Growth Mindset）」，將是促使產品經理不斷地保持創新的動能。

打動人心、
滿足需求的產品設計

1998 年美國太空總署（NASA）發射了火星氣候軌道探測器（Mars Climate Orbiter），結果到了火星上空，便音訊全無。在多次聯絡未果之下，NASA 只得宣布計畫失敗，長期的研究投資連同造價近 2 億美元的探測器，一同消失在無垠宇宙中。

事後調查發現，這個失敗導因於一個低級錯誤：兩個研究團隊使用的度量單位不同，一個用英制，一個用公制，導致探測器的控制程式出現混亂，原本應該從距地面 140 公里高度穿過火星大氣層，最後卻低於 60 公里，導致探測器禁不起劇烈的大氣摩擦而焚燬。

設計的角色與產品設計的職責

　　有學者將「設計」解釋為「將技術和人們的需要變成可製造產品的綜合體」。對於汽車公司而言，設計是指設計部門。對於容器公司來說，則是指顧客的包裝人員，如果是製造部門，可能是制定最終產品規格的工程師。

　　產品設計專家羅伯托‧維甘提（Robert Verganti）則認為：「設計導入是一種極富想像力的新競爭方式。設計驅動的創新並非來自市場，而是創造新的市場；它們不推動新技術，而是推動創新意義。顧客尚未要求這些新意義，然而一旦他們體驗到這些，肯定會對它們一見鍾情。」因此，在任何情況下，我們都不應該將設計視為事後的工作，像是要求工業設計師去美化一個準備生產製造的產品。

　　對應到新產品開發來說，「產品設計」指的是「一套描述了想像、創建和迭代產品的過程，主要目的在解決使

用者的問題或滿足特定市場的特定需求。」

　　成功產品設計的關鍵是想方設法去了解終端用戶（end user），也就是產品的首批使用者。一位傑出的產品設計師會試圖透過同理心（empathy）和對潛在客戶習慣（habits）、行為（behaviors）、挫折（frustrations）、需要和想要（needs and wants）的了解來為真實的人解決實際問題。

　　在新產品開發流程中，產品設計扮演著關鍵的角色，其主要負責的工作內容為：

- **需求分析**：了解市場需求、競爭態勢、產品目標，並進行需求分析，擬定出符合市場需求的產品設計方案。
- **概念設計**：將需求分析的結果轉化成草圖、手繪、3D 立體模型等形式的產品概念設計，為後續詳細設計提供基礎。
- **詳細設計**：進行產品的詳細設計，包括產品的結構、外觀、功能、材料、工藝等細節的設計與確定。
- **原型製作**：根據設計圖紙製作產品樣品或原型，進

行測試、驗證，並進行修改、優化。

● **工程設計**：將設計圖轉化成具體的生產流程，並確定生產設備、工具、測試方法等，以確保產品的生產可行性和品質。

● **製造**：確定生產計畫、採購材料、生產流程控制等，最終生產出符合設計要求的產品。

● **市場反饋**：蒐集市場回應，了解產品的缺陷和問題，並進行改進、優化。

　　綜上所述，產品設計在新產品開發流程中是一個負責從產品概念、技術規格到生產製造整個過程的專業人員。產品設計的目標是開發出滿足市場需求並且符合公司策略的產品，並確保產品的生產可行性和品質。

5-2 產品體驗（PX） VS. 使用者體驗（UX）

在本書 2-4 節中，有提及產品體驗（Product experience, PX）是專注於產品本身發生的整個客戶旅程。亦是整個使用者體驗（UX）的一部分。

直覺的產品體驗往往會帶來至關重要關鍵時刻（Moment of truth）。因此，糟糕的產品體驗會趕走用戶，或是讓他們對必須使用產品來完成的任務感到不滿。同時，良好的產品體驗可以提高使用率、建立忠誠度並提高淨推薦值（Net Promotor Scores, NPS）。

那麼，要如何做到好的產品體驗設計呢？至少須包含以下五要素：

1. **實用性**：產品必須能夠滿足使用者的需求，並且達到使用者的期望，因此產品設計必須以使用者為中心，設計出符合使用者需求的產品。

2. **有用性**：產品的功能必須能夠解決使用者的問題或滿足使用者的需求，因此產品體驗設計必須著重於產品功能的設計和優化。

3. **可靠性**：產品必須具有高品質和可靠性，使用者不希望遇到產品出現故障或其他問題，因此產品體驗設計必須著重於產品品質和可靠性的設計和保障。

4. **易學性**：產品必須容易學習和使用，使用者希望能夠在最短的時間內掌握產品的使用方法，因此產品體驗設計必須著重於產品易學性的設計和優化。

5. **愉悅性**：產品必須能夠給使用者帶來愉悅和滿足的使用體驗，因此產品體驗設計必須著重於產品外觀、交互設計和用戶情感的設計和優化。

了解了產品體驗，我們再來說明什麼是「使用者體驗」以及與新產品開發的關聯性。

根據維基百科的解釋，所謂的「使用者體驗」是「使用者在接觸產品、系統、服務後，所產生的反應與變化，包含使用者的認知、情緒、偏好、知覺、生理與心理、行為，涵蓋產品、系統、服務使用的前、中、後期。」而「使用者經驗設計（User Experience Design, UX

Design）」則是以此概念為中心的一套設計流程。此流程完整包括了有目標使用者設定，滿意度的範圍和主題設定，使用者需求的功能，互動研究，系統回饋和最終的報告與成果。

此外，在本書0-3節中提及，產品經理的角色是「商業分析」、「科技趨勢」和「使用者體驗」三者之間的交集，換句話來說，即使完全理解了「使用者體驗」，對於產品完整度而言，充其量只完成了三分之一。

因此，我認為，真正合格的產品經理除了必須擁有「使用者體驗」之外，還須具備以下三大要件：

第一：對所屬產業（Industry）需要全面了解

新技術日益更迭，新產品不斷推陳出新，對產品經理來說，必須對於產品相關的產業上、中、下游的現況及未來發展趨勢充分掌握，更要熟悉該產業目前有哪些競爭對手的產品？哪些商業模式？

要想深入了解該產業的遊戲規則，勢必得讓自己在該領域待個 3-5 年，熟悉內部組織運作細節及外部市場合作競爭態勢；此外，廣泛閱讀書報雜誌更是不可或缺。

第二：對市場（Market）需求需要通盤掌握

對於多數公司來說，市場的需求與推廣都是產品做出來後，再商請行銷部門進行文案的發想及宣傳推廣，其實對產品經理來說，這些都是應該在新產品上市之前就應該提前規畫好的（如：行銷計畫），至少也必須在產品設計的時候都應該準備好的，還有很多產品經理設計出來的文案，只有自己能看懂，或者說僅站在自己的角度寫的，如此專業、生澀的術語對大部分的使用者來說，根本看不懂，在這方面，Apple 的廣告文案應該是值得產品經理學習參考的。

第三：對產品（Product）本身需要完整規劃

產品經理應該對產品做一個長遠的規劃，這個規劃包括產品初期、中期、後期的發展和變化。

菲利浦‧科特勒在 *Principles of Marketing* 一書當中將建立一個新產品利益區分為三個層次（如圖 5-1）：

1. **核心利益**（Core Benefits）：是指消費者購買某種產品時所追求的利益。

2. **實際（有形）產品**（Actual／Tangible Features）：實際產品有五種特徵：品質水準、功能特色、設計、品牌名稱及包裝。

3. **引申（擴增）產品**（Augmented Features）：指的是顧客購買有形產品時所獲得的全部附加服務和利益，包括提供信用付款、運輸、保固、安裝、售後服務等。

上述的同心圓架構，必須先滿足核心利益，其次是實際（有形）產品，最後才是引申（擴增）產品。如果核心利益不存在，也就代表這個「產品」沒有再進行的必要。

因此，產品經理對於自己所負責的產品必須都是邏輯清晰、思緒清楚、描述準確的。

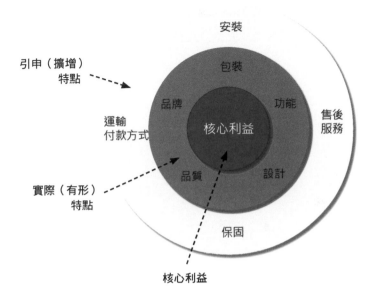

圖 5-1：作者整理

5-3 產品設計規格（PDS)

所謂的「產品設計規格（Product Design Specification, PDS）」是產品生命週期管理中的文件之一，用來說明設計方式、所預期達到目的，以及設計和需求的符合程度。

具體來說，「產品設計規格」詳細說明了要設計開發的新產品之必需元件。包括一些物理細節，例如：尺寸、重量或顏色，當然也涵蓋了產品功能細節，像是產品必須能夠完成的重要任務或必須滿足的需求。這些規格的制定是產品開發過程中至關重要的初步步驟。

此外，該文件所記錄的特性應滿足以下特點：

- **可量化的**：可以成為產品設計師具體參考的指南。
- **可執行的**：可以施行且易於實踐。
- **及時的**：與趨勢發展是相符的，且與產品路線圖是一致的。

● **符合客戶需求的**：與前述的產品需求規格緊密關聯，確保企業內外部客戶的需求被滿足。

那麼，除了產品經理之外，還有哪些人需要參加「產品設計規格」的制定呢？

一般來說，只要是屬於新產品開發團隊的成員，都應該要參與，像是專案經理、工程師、設計師或是採購、生產製造、IT、營運等相關人員。而產品經理的角色除了負責主持會議之外，還須扮演居中協調及最終規格制定的任務。

總結來說，「產品設計規格」的目的是在確認產品後續的設計及開發可以符合使用者的需要（或需求）。

回到 NASA 案例所述，如果能夠在「產品設計規格」上，把「防呆」的機制也都考量進去，相信不僅能降低致命錯誤，更能夠減少設計變更的次數以及不必要的成本浪費。

對應到新產品開發來看，「防呆」設計的原則就是：「避免錯誤，無須思考」。更具體來說，「防呆」即是：

1. 即使有人為疏忽也不會發生錯誤的設計：不須投入注意力。
2. 即使是生手或門外漢來做也不會錯的設計：不需要經驗與直覺。
3. 任何人執行都不會出差錯的設計結構：不需要專門知識與高度的技能。

　　總的來說，對於服務提供者和產品製造商而言，產品設計之成功要素之一，即「了解使用者喜好及其對產品、設計喜愛的程度。」企業愈是能夠了解使用者，愈是能夠創造出更好的產品；對產品經理來說，了解使用者對於產品或設計的感受及反應就顯得格外重要了。

5-4 產品原型製作與設計

❖ 為什麼要製作原型

原型（Prototyping）為產品設計的雛型，用來驗證設計的產品是否適切，有無欠考量或未發現的盲點，必要時在正式生產前加以更正，免除製造出不合格或不符合品質的產品。企業之所以發展產品原型，其目的就在於：「提供實際的產品來供消費者試用，以便觀察產品概念的利益是否能夠表現出來。」此外，製作產品原型還有以下好處：

1. **有效溝通**：將想法轉化為原型，能夠讓其他人更具體理解概念。在團隊合作時，很常會出現大家雞同鴨講的狀況，假如有原型，即可具體地溝通。
2. **解決歧見**：到底是 A 功能好，還是 B 功能好？用說的不準，此時直接做出來測試能協助團隊脫離不斷

爭辯的困境。

3. **進一步瞭解使用者**：原型製作必須考慮使用者與使用情境，因此在製作原型時，團隊很可能會發現原來先前對使用者的瞭解不夠深入，這時會迫使團隊進一步去瞭解使用者。

4. **探索新點子**：動手做有助於思考，製作原型能幫助團隊發展出更多的解決方法。

5. **快速低成本的失敗**：簡單甚至粗糙的原型，能夠讓團隊避免投入過多的時間與金錢，且能讓團隊快速地測試更多不同的點子。

6. **推進流程**：原型是將點子推進到下一步的動力，如果不製作原型，團隊很可能會一直卡在概念與想法階段，而無法實際去解決問題。

❖ 不必「一次到位」的產品功能：MVP

「MVP（Minimum Viable Product）」一詞的概念是由矽谷創業家艾瑞克‧萊斯（Eric Ries）在《精實創業》一書中所提出，意即「最精簡可行產品」：「用最快、最簡明的方式建立一個可用的產品原型，以滿足市場上的早期採用者（early adopters）。」而產品最終、最完整的功能

特色，則取決於這些早期採用者的回饋，反覆進行調整。
是以，「MVP」具有以下三個主要的特徵：

1. MVP 必須一開始就具有消費者願意使用或購買的價值。
2. 為了能留住早期採用者，MVP 必須顯示其未來對消費者所帶來的利益。
3. 透過早期採用者的回饋，反覆調整修正，MVP 可用來導引產品最終的開發方向。

連續創業家也是創投顧問的 Gregarious Narain 在其文章 "MVP： The Features Are Silent" 中提到，產品經理與產品設計人員在思考產品功能時，不應該是自己腦海中預設的需求點。或許可以從以下幾點獲得啟發：

● 你的產品要能體現出對使用者需求的深刻理解，能幫他們解決急待解決的問題；
● 認真去思考、去觀察你的使用者在使用產品過程中，是如何從你的產品中獲取他們想要的價值，留意他們採用的方法；

- 優秀的使用者體驗是可以最小化使用者和產品之間的摩擦，你未必要把使用步驟減到最低，但至少要讓每一步的銜接流暢；

- 優秀的產品能說出使用者心裡的話，所以正式推出前，最好有周密的測試過程，蒐集大家的使用回饋。

一般來說，MVP 的概念比較適用於軟體平台規劃建置。以我過去開發規劃的一款「個人理財服務 App」為例，當初為了能快速累積使用者，都是提供部分功能免費試用，一旦達到預期的免費使用人數後，便開始嘗試提供完整版功能的按鈕，除了將完整版內容做一個簡單的介紹，並將該服務的付費功能也一併放上。一旦使用者在按了付費功能鍵之後，這時有兩種做法：可以選擇自動彈出視窗（pop-up window）或者發送自動回覆（auto-reply）郵件，說明目前服務暫時處於維護階段。如此一來，我大概可以知道有多少使用者願意用完整版的功能服務。如果有足夠多的使用者願意用我的服務，那麼，就可以考慮去開發完整版及付費功能。幸運的是，當初的那款 App，雖然沒有大賣，但確實吸引了部分當時按下願意用完整版的付費客戶，對我個人日後產品開發的經驗而言，不僅是大大

的鼓勵，也滿足自己小小的成就感。

對於新創公司來說，這個「MVP」概念，是在鼓勵創業者或產品經理，不必「一次到位」的設計所有的功能，而是先推出「第一版」，確定有人購買，再一層一層往上加新功能。

產品經理如能做好 Minimum Viable Product，自然能成為運動場上的 Most Valuable Player（最有價值球員）。

❖ 產品原型製作的六大迷思

以 Google Glass 為例，Google 於 2011 年年中推出產品原型，2012 年 4 月開始進行產品測試，一直到 2014 年 4 月 15 日於美國限時販售，售價為 1,500 美元。2014 年 5 月 13 日，Google 宣布在美國市場公開發售。只要仍有庫存，任何人均可以 1,500 美元的價格購買這款產品。也許大家會質疑：產品既然已經發展多年，相信應該日趨成熟，何以還是無法大量公開銷售，必須限量呢？其實原因很簡單：如果不是產品本身仍有問題待解，那就是整個服務體系（如：內容、法規、應用方式……）尚未發展成熟，必須藉由使用者不斷地進行產品測試，來調整產品至最佳化，以達到上市的標準。

產品原型製作有諸多利益，其中最主要的一點就是：在新產品開發階段大量生產之前，微調產品缺失的成本肯定比產品上市後才發現錯誤低出許多。但就我個人觀察，台灣多數企業的新產品上市多數都是「倉促上市、狼狽下市」。關鍵就在於企業高層對於產品原型製作仍存有以下六大迷思：

迷思一：產品原型製作費時費力

早期硬體產品的原型製作是依賴熟練的技術工人，應用手工具、工具機和經驗，精雕細琢的方式給予完成。因此，在速度和精度的控制，往往曠日費時，無法迅速回應開發新產品的時效。這當中，如有需要更改或調整，非常不易，增加成本甚巨。不過隨著科技發展日益更迭，透過3D列印技術，產品原型製作的時效，已經從過去數月到今日此時，僅需數天或幾小時就能搞定。以網站製作來說，選擇 Axure 設計產品原型，一樣可以快速交付客戶驗證。

迷思二：產品原型製作需要具備技術能力

簡單的原型製作，其實不需要太多的高科技才能完成，一支筆、一張紙就能達到效果。我在課堂上也是透過工具表單的協助，將產品原型一步步描繪出來。有些

軟體甚至於連 Coding 都省略，透過拖拉的方式就可以快速產生原型。對應到新產品開發流程，快速原型（Rapid Prototyping, RP）指的是一種快速生成模型或者零件的製造技術。在電腦控制與管理下，依靠已有的 CAD 資料，採用材料精確堆積的方式，即由點、線、面堆積成 3D，最終生成實體。透過這樣的技術可以生成非常複雜的實體，而且成型的過程中無須模具的輔助。

迷思三：產品原型製作太過昂貴

相較於新產品上市後所產生的問題及可能失敗的風險來看，如前所述，簡單的僅需要一支筆、一張紙就能做出原型；複雜一點的透過軟體來協助產生，怎麼樣都比上市失敗的風險來得划算。

迷思四：對於可以快速開發產品的企業來說，產品原型製作是不需要的

如果說產品原型製作是不需要的話，那也就表示，在新產品開發的過程當中，任何人都不能有所差錯，特別是產品設計及工程師們，因為產品終將上市，套句俗話說就是：「一翻兩瞪眼」，成功或失敗，立馬見真章。此外，我也觀察到有一些顧客是所謂的理性主義者

（rationalist），他們對於即將上市的新產品往往會給予些善意的回饋與建議，如果沒有產品原型提供測試驗證，肯定對新產品日後的銷售成績會產生重大影響。

迷思五：產品原型製作僅是針對實體（有形）的產品才需要

相信各位都有去過網路上買東西，商品的導覽是一種流程、購物車也是一種流程……如何讓網友能夠快速的找到商品並且完成結帳，那就是該公司電子商務服務流程的SOP。由於台灣代工製造模式行之有年，因此談到產品原型製作，大家很自然就連想到有形的硬體產品，而忽略了無實體的服務流程。事實上，服務流程指的就是一連串的步驟，就跟程式碼一樣需要被測試及驗證（與結果是否相符）。試想：如果消費者在該公司網上買東西有過不愉快的經驗，下次還會再去購買嗎？如果去了某家飯店，服務品質太差（如：食物不好吃、WiFi 連不上……），相信再去光臨的機會肯定不大。

迷思六：產品原型製作沒法產生價值

產品原型製作的目的主要是用來進行「產品使用測試（Product Use Testing）」。所謂產品使用測試指的是在正常操作情況下測試原型，有時也稱為「實地測試（field testing）」或是「使用者測試（user testing）」。關於產品是否可正常運作，一般公司的做法是會在內部先進行所謂的 alpha 測試、之後才會到顧客端進行 beta 測試，以確認產品是否沒有「漏洞（bugs）」，有時候 beta 測試無法迎合所有開發者的需求，另外，使用者也可能沒有足夠的時間來判斷新產品是否符合他們的需求，或者具有成本效益。因而，出現了所謂的 gamma 測試，這是一種理想的產品使用測試，為了通過這項測試，不論花多長時間，都必須解決任何顧客對於新產品所提出的問題（如：生技醫藥）。因此，產品原型製作的確有助於降低新產品上市失敗的風險。

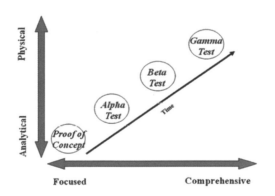

圖 5-2：資料來源：visualhunt.com

本章重點摘要

❶ 「產品設計」的主要目的在解決使用者的問題或
滿足特定市場的特定需求。

❷ 企業愈是能夠了解使用者,愈是能夠創造出更好
的產品;對產品經理來說,了解使用者對於產品
或設計的感受及反應就顯得格外重要了。

❸ 「產品設計規格」的目的是在確認產品後續的設
計及開發可以符合使用者的需要(或需求)。

❹ 原型(Prototyping)為產品設計的雛型,用來
驗證設計的產品是否適切;最精簡可行產品
(MVP)指的是用最快、最簡明的方式建立一個
可用的產品原型,以滿足市場上的早期採用者
(early adopters)。

❺ 在新產品開發階段大量生產之前,微調產品缺失
的成本肯定比產品上市後才發現錯誤低出許多。

第六章

產品經理的商業決策腦：
風險與報酬的角力

記得有次透過朋友介紹，應邀至某上市公司參與其內部新事業單位的經營管理會議，我擔任的角色是以外部專家的角度來聽取各事業負責人對於該事業的經營現況及未來發展，作為董事會評估汰留的參考。簡單來說，簡報者的重點應放在：

1. 為何公司要繼續投資我們單位？
2. 我們能夠帶給公司哪些價值？

第一項就會牽涉到所謂的風險管理，假設目前的新事業仍屬於虧損，如果沒有設下停損點，長遠來看，對於公司的整體營利勢必造成影響，尤其又是上市公司，對於股東權益更需要特別注意，畢竟投資人是看準或認同公司的經營方向，才會購買股票。舉例來說，Meta 執行長馬克・祖克柏（Mark Zuckerberg）前年（2022）投資元宇宙（Metaverse）失利導致股價下跌，公司市值損失了超過 6,000 億美元。2023 年第一季仍持續虧損 40 億美元。相信大家還記憶猶新。

第二項則是身為該事業負責人最重要的任務──公司將該專案交給你，目的當然是希望能夠幫公司帶來價值（實質上的營收或利潤的貢獻、市占率的提升等等），如果價值不存在，那麼該事業也就沒有存在的理由。因此，

你需要具備財務分析的基礎，即使短期內無法帶來商業利益，對公司長線布局來看，多久有機會達成損益兩平點（如圖 6-1）？又或者多久可以填補現在市場的缺口，提升整體市占率？

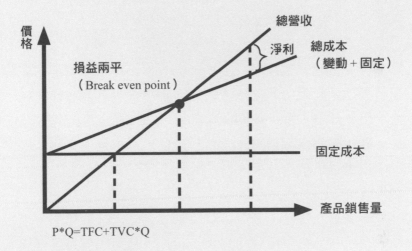

圖 6-1：作者整理

回到該上市公司新事業單位（B2C 商業模式）的簡報現場，該主管說明了目前的經營現況，不僅是沒有任何收入，光是人力成本及行銷推廣費用，一年就得支出新台幣約 3 千萬左右，公司已投資三年（等於是將近 1 億），面對即將邁入第四年，老闆評選汰留的標準是希望能有 100 萬的營收，作為能夠繼續投資的基本衡量指標。

　　當下聽到，覺得這個老闆挺佛心的，在內部創業的新事業投資上也是站在盡可能支持的立場，但畢竟是上市公司，不能漫無目的的持續投資，而連帶影響公司整體的利益，因此訂出了百萬營收的目標。

　　就在簡報進行到財務分析及預估時，該負責人不疾不徐地說明了來年的百萬營收目標要如何達成。只見前面 11 個月的營收都是 0 元，第 12 個月突然出現了 100 萬！

　　不僅是我在台下看得目瞪口呆，老闆及高層們似乎也不知該說些什麼，無奈地問了一句：「最後一個月就會突然生出百萬營收嗎？」

　　大家認為呢？

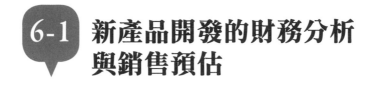

6-1 新產品開發的財務分析與銷售預估

如上述案例，新產品開發的財務分析（如圖 6-2）的主要目的是幫助企業評估新產品開發的經濟可行性和獲利能力。它涉及成本估算、定價策略、銷售預估和投資回報。企業可以透過進行財務分析來就資源分配、定價和市場定位做出明智的決策。

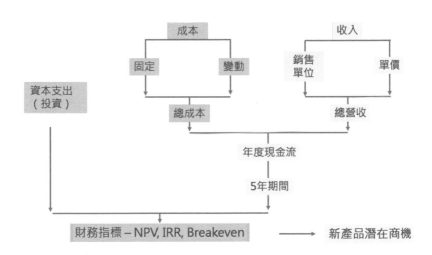

圖 6-2：作者整理

❖ 財務三表

財務報表就相當於公司的外衣，外衣的美醜好壞雖然並不一定與內涵相符，但卻是第一眼印象。財務報表是公司營運狀況及經營結果的產物，相關記錄都可以在財務報表上明確表達，要瞭解一家公司的體質是否良好，閱讀財務報表是直接且迅速的方法（我自己也不是財務專家，這裡只簡單陳述一些基本觀念）。

1. **損益表**（income statement）：想知道公司賺了多少錢？
● 損益＝收入－成本費用。
● 公司在一段經營期間（每年或每月）的營運狀況，顯示出此期間內，企業的收入多少；為了賺取這些收入，企業所花費的資源又有多少？

2. **資產負債表**（balance sheet）：想知道公司的財產和借貸狀況？
● 資產＝負債＋股東權益。
● 公司在某一個經營時間點，有多少財產和負債？

3. **現金流量表**（cash flow statement）：想知道公司的資金增減狀況？

● 自由現金流量＝營運資金—資本支出。

● 公司在一段期間（每年）內，資金增減的原因？

此外，對產品經理來說，財務報表上的一些專業術語，如：Revenue（營收）、Cost of Goods Sold（銷貨成本）、Gross Margin（毛利）、Accounts Payable（應付帳款）、Accounts Receivable（應收帳款）、Debt（負債）、Assets（資產）、Net Profit（淨利）等，也是必須要花時間去理解的。

❖ 產品銷售預估：A-T-A-R Model

多數老闆在談到「市場機會」時，通常會與「銷售數字」（如：營收、市占率、利潤……）畫上等號。身為操盤手的產品經理，就必須適時的勾勒出一張市場大餅，用來說服老闆及高層主管們支持即將開展的新產品開發專案。不過，根據我的觀察，多數產品經理僅僅是透過二手（次級）資料（如：市調報告），再加上簡單的銷售公式：營業額＝產品單價×數量，所謂的「市場機會」就這

麼決定了……，雖然說數字是預估的，但依照過去經驗，這些數字幾乎都是高估（樂觀且有利的數據資料），頗有「打高空」之嫌，因為估太低，老闆肯定沒興趣。

所謂「打高空」，簡單來說就是向空中打高射砲，反正不會命中目標，因此就亂打一通，引申到工作上就是指那些把事情講得天花亂墜，又不用負責的人。

比爾‧奧萊特（Bill Aulet）在《MIT 黃金創業課》一書中，把上述的「打高空」現象稱為「試算表的樂趣」（即是前面所提的銷售公式：營業額＝產品單價×數量）。這種思維想的不是如何去創造一個新市場，而是認為你可以選擇一個現存的廣大市場，從市占率中分一杯羹，收割他人的努力。舉例來說，在中國 13 億人的牙刷市場中，就算你只有千分之一的占有率，也一樣可以賺大錢，不是嗎？

以上的思維背後邏輯如下：

「網路說，中國人口超過 13 億。每個人都刷牙的話，市場規模就是 13 億客戶。我要做出供應中國市場使用的牙刷，或許我們第一年只能拿到 0.1%的市占率，但如果每個人一年買 3 支牙刷，我們一年的銷量就是 390 萬支；如果我們 1 支賣 1 美元，第一年的營收就是 390 萬美元，而且

未來還有很大的成長空間。」

上述案例，就是多數產品經理不經意中會犯的錯誤：因為你無法用有說服力的方式證明為何人們會買你的產品，或為何你的市占率會隨著時間擴大。你也並未藉由直接瞭解客戶來驗證任何假設；你可能根本沒去過中國。說穿了，如果創業這麼容易，那為什麼沒看到每一個人都去中國賣牙刷？

在新產品開發的初期，產品經理所面對的是一連串的不確定性，這當中包括技術、市場、競爭等問題，將導致新產品的財務預估難以掌握。因此，在初期「市場機會辨識（opportunity identification）」階段，要避免錯估情勢、預測高估，產品經理可以採用「A-T-A-R Model」做為產品銷售預估。

A-T-A-R Model 被用來建構銷售或獲利預測，該模型通常運用在快速流通的消費性產品（FMCG）的銷售預估，公司可以將過去累積下來的新產品經驗來發展模型的參數，以及校正他們取自消費者的原始百分比率，更重要的是能藉此調整後續行銷戰術的內容及預算。

其中 A-T-A-R 所代表的涵義為：

(1) Awareness：表示消費者對於該商品「知曉」的百分比程度（%）。

(2) Trial：指的是消費者購買該產品（第一個）「試用」的百分比程度（%）。

(3) Availability：指的是消費者可以透過「銷售通路」買到該產品的百分比程度（%）。

(4) Repeat：指的是消費者除了購買試用（第一個）外還會「再購買」（第二個）的百分比程度（%）。

在新產品開發流程的早期階段中，A-T-A-R Model 即能根據其他來源的資料加以應用，當產品向後續的階段邁進且公司能掌握更多相關資訊時，達成銷售或利潤預測所必需的試用與重購率可以提早被評估並進行調整。

對產品經理來說，透過 A-T-A-R Model，除了可以做出產品的銷售預估之外，更能夠適時調整行銷策略與戰術，避免做出「打高空」的決策。

新產品開發的風險評估與策略

　　新產品開發過程中，由於流程任務複雜，大大小小瑣碎的事更是不少，新產品失敗的機率自然增加許多。市場調查公司 Nielson 就曾經做過一項研究，他們發現，在近一年內所出現的 24,543 個新產品中，最後失敗收場的機率高達 80%。因此，對於新產品是否該進入開發階段的風險評估就成了產品經理必要的技能之一。

❖ **風險／報酬矩陣**

　　這裡我將用以下的風險／報酬矩陣（risk／payoff matrix）來做說明。

決定 \ 假如產品上市	A 馬上停止專案	B 繼續下一階段評估
A 失敗	AA（沒有錯誤）	BA（進行的錯誤）
B 成功	AB（放棄的錯誤）	BB（沒有錯誤）

表格：作者整理

從上述矩陣表格不難看出：AA 象限與 BB 象限都是良好的；前者是因失敗而馬上停止專案，後者是持續進行最終就會成功的概念。但另外兩個象限產生管理上的問題：

● AB 象限：代表「放棄的錯誤」，一個贏家被放棄。
● BA 象限：代表「進行的錯誤」，一個輸家會持續下一個評估。

哪個錯誤是企業高層或產品經理最想要避免的呢？

首先，放棄一個贏家的代價非常高，因為來自勝利產品的最終利潤一定多過於所有開發成本的總額，更不必說

是進行下一個流程的成本。因此，AB 的錯誤比 BA 更嚴重。

當然上述情況也有例外，就是機會成本。例如：其他需要資金的是哪種類型專案？如果一樣是優質專案，放棄成為贏家的損失較小，因為移轉資金將可能給予另一個可能的贏家。

還有一種情況是，公司即將上市的新產品（如：產品線的延伸），也許市場資訊較少，但由於是公司的核心技術，失敗的風險及淨成本相對較低，因此，接下來仍可以做繼續進行的決定。

產品經理人在評估決定產品接下來要做什麼時，必須考量上述情況。

❖ 風險管理策略

大致上，新產品團隊應該考量以下四個基本風險管理策略：

1. **避免（Avoid）**：完全排除具風險的產品專案，雖然會產生機會成本。（假設公司通過這項專案，且專案最後成功會如何？）

2. **降低（Mitigate）**：把風險降低到可接受（如：門檻率）的標準，可能經由重新設計產品來包含更多預備系統或增加產品可靠度。

3. **移轉（Transfer）**：將責任轉給其他組織，如以合資或轉包商形式。意即其他組織可能較有能力處理風險。

4. **接受（Accept）**：立刻發展權變計畫（主動接受）或當風險發生時再加以處理（被動接受）。

　　如果該風險的損失在企業可以承受的損失範圍內，或競爭對手藉此攻擊的收益小於我方主動出擊的預期成本，那麼，企業可以選擇接受風險。最著名的例子之一，像是三星 Galaxy Note7 手機因電池爆炸，公司對風險的評估則是選擇全面下架回收，據外媒估計，三星整體損失超過 50 億美金。否則，必須選擇上述其他三項風險管理策略之一。

❖ 衰減曲線

　　企業之所以在新產品投入這麼多資源，是因為新產品可為大多數公司所面臨的問題帶來解決之道。根據調查顯示：每 100 個新產品構想（ideas）當中，低於 70 個能夠通過初步篩選（screening）階段；不到 50 個能通過概念測試和評估（concept testing and evaluation），並進入到開發階段；大約只有 30 個有辦法通過測試；25 個左右能夠商品化（commercialization）；而僅約 15 個能夠開發成功；最終只有不到 10 個能上市（約 10%）。

　　多項研究更顯示，98% 的構想在新產品開發流程中的不同時間點被摒棄，而構想何時會被摒棄，則是由上述風險矩陣分析來決定。新產品構想的死亡率則稱之為「衰減曲線（decay curve）」（如圖 6-3）。

　　衰減曲線的價值在於幫助產品經理人體驗到，需要針對每個開始要發展的新產品概念，去思考整體開發流程的成本和風險／報酬矩陣。

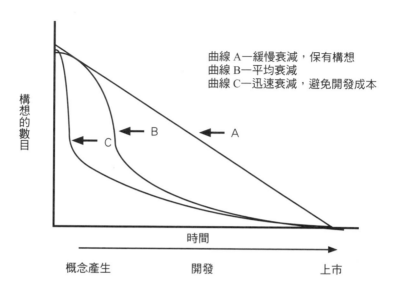

曲線 A—緩慢衰減，保有構想
曲線 B—平均衰減
曲線 C—迅速衰減，避免開發成本

圖 6-3：作者整理；資料來源：Booz Allen & Hamilton, 1982

6-3 衡量新產品開發績效的三種財務分析工具

❖ 淨現值法（Net Present Value, NPV）

所謂的淨現值法（NPV）是一種透過將所有預期的未來現金流入（inflows）和流出（outflows）折現至當前時間點來計算專案的預期淨貨幣損益的方法。

那麼，什麼是「現金流量折現（Discounted Cash Flow, DCF）」呢？簡單來說就是公司以一適當的折現率（discount rate），將某投資方案未來的現金流量，折算為現值（present value）之方法。因為，貨幣時間價值考量到今日收到的一元或任何貨幣單位比未來任一時點收到的一元價值高。因此，將投資的未來現金流量，全部折現成投資起始日的價值，就稱為該投資的淨現金流量。

NPV 法的施行步驟如下：

STEP 1：決定產品專案的初始值（投資金額）。

STEP 2：決定折現率，以公司的門檻率（hurdle rate）
做為參考。

STEP 3：帶入以下公式計算。（如圖 6-4）

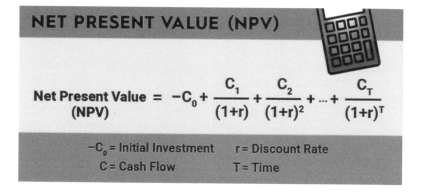

圖 6-4：資料來源：The Motley Fool

舉例來說，假設公司正在考慮投資一個新機器設備的專案，三年租賃費用為 50 萬美元，預計第一年將產生 210,000 美元的現金流，第二年將產生 237,000 美元，第三年將產生 265,000 美元。折現率為 6%。試估算此專案潛在投資的淨現值是多少？

　　以下是詳細計算過程。（如圖 6-5）

$$NPV = \frac{-500,000}{(1+0.06)^0} + \frac{210,000}{(1+0.06)^1} + \frac{237,000}{(1+0.06)^2} + \frac{265,000}{(1+0.06)^3}$$
$$= -500,000 + 198,113 + 210,929 + 222,499$$
$$= 131,541$$

圖 6-5：資料來源：calculatestuff.com

NPV 法的優缺點整理如下：

NPV 法的優點	NPV 法的缺點
1. 列入貨幣的時間價值加以考量。 2. 有累加性。 3. 根據 NPV 的最大值做決策。	1. 不確定性較高。 2. 現金流量皆假設發生的時間點在期末。 3. 折現率的選擇。

表格：作者整理

對應到新產品開發專案來說，假設該專案投資的淨現值為正數（NPV＞＝0），代表該投資的結果可以增加企業的價值；反之，如果該專案投資評估的淨現值為負數（NPV＜0），代表此投資會減少企業的價值，不應該接受。同一時間有多項專案評估時，專案選擇的方式即是NPV 愈大愈好。

❖ 內部報酬率 (Internal Rate of Return, IRR)

所謂的「內部報酬率（IRR）」指的是：能夠使未來現金流入的現值等於未來現金流出的現值的折現率，或者可以解釋成是——使投資方案淨現值（NPV）為 0 的折現率。

對應到企業在投資新產品開發專案時，當「內部報酬率」其數值愈高，則表示該項投資具有吸引力。在多個新產品專案進行比較時，可以運用產品組合管理（Product Portfolio Management, PPM）作為專案的篩選基礎。

因為「內部報酬率」是淨現值為 0（NPV＝0）時的折現率，除了運用上述公式法（參考圖 6-4 的計算公式）之外，亦可用 excel IRR 函數帶入。

對企業高層及產品經理來說，IRR 是百分比，NPV 是絕對值。IRR 用於計算新產品開發投資的報酬率。如果 IRR 大於投入資金的成本，這樣的投資預期是有利可圖，可以接受。NPV 則是用於計算在一段時間內，新產品開發投資所帶來的淨收益現值。如果 NPV 大於 0，則通常認為該投資是可以接受的。

❖ 還本期限法（Payback Period）

還本期限法是迄今為止最常見的投資報酬率方法，用於表示投資專案（如：新產品開發專案）獲得的投資回報。大家應該很常聽到人們問：「我們要多久才能回收資金？」還本期限法正是計算「專案現金流量返回原始投資所需的時間」。

舉例來說，某專案的起始投資為 10 萬美金，假設每一年的現金流入為 2 萬美金，那麼該專案的還本期限為 5 年（100,000/20,000＝5）。

還本期限法當然愈短愈好。而且必須短於專案的生命週期——否則就沒有理由進行投資。更直白的說，如果投資回收期很長，那麼該項專案就不值得投資。

使用還本期限法還須注意以下限制：

● 忽略了金錢的時間價值。
● 假設投資期間（且不超過投資期間）的現金流入。
● 不考慮獲利能力。

整體來說，一個好的產品概念必須要有一個健全的營收及可以持續的獲利模式，而不單單只是為了解決消費者

問題而已。是以，這個產品概念的目標客群是否構成規模經濟？還是極有可能只是曇花一現的短暫效應呢？

　　例如：過去的蛋塔瘋行，一時之間，蛋塔店隨處可見，但風潮過後，銷量下滑，抵擋不住成本的店家紛紛關門倒閉，能夠存活下來的不是在產品上有特色，就是在財務的風險控管上早已做好準備。此外，像是行銷成本、沉沒成本，以及營運所需的現金流⋯⋯都是企業高層及創業者必須思考的重要項目。

　　對產品經理來說，除了必須是一位熟悉產品管理制度的專業人士之外，還得了解複雜的產品組合管理、財務三表、管理會計、市場行銷等，更大的挑戰是：「**如何成功扮演好公司技術（產品）與顧客需求之間的橋梁**」以及「**如何將產品的利潤極大化**」。

本章重點摘要

❶ 財務分析在新產品開發流程中是幫助企業評估該產品專案的經濟可行性和獲利能力。

❷ 產品經理可能不需全然了解財會的細節，但對於財務報表上與產品相關專業術語，必須要花時間去理解的。

❸ 避免銷售預估「打高空」，A-T-A-R Model 是個好工具，但不容易執行得當。

❹ 一個好的產品概念必須要有一個健全的營收及可以持續的獲利模式，而不單單只是為了解決消費者問題而已。

❺ 衡量新產品開發績效的三種財務分析工具：NPV、IRR、Payback。

第七章

寫文件很辛苦，
但還是要產品經理自己寫

過去在擔任軟體開發職務時，每當 Coding 遇到問題，尤其是菜鳥期間，通常都會去問「師傅」（早期的企業多數是採取「師徒制」來帶領新人），但相信多數新人都會踢到「鐵板」——「師傅」會冷冷回答你：「旁邊有文件及手冊，自己去翻查吧！」

　　如果運氣不好，碰到的問題又「剛好」沒有文件記錄，那真的只能一本一本查找手冊（那個年代還沒有谷哥大神啊），不僅耗時費力，還不一定能夠找到可能的解法（曾經為了解決一個問題，在公司「睡」五天）……這時，如果有「文件」，除了可以省掉不少時間之外，解決方案也許還「有跡可循」……

7-1 文件管理的重要性

　　據調查，42% 的員工認為公司內部的文件流程大多仰賴人工作業，造成生產力降低，且增加管理成本。

　　另外，49% 的員工由於公司內部文件管理不當，難以快速找到所需檔案，造成工作任務的延宕。

　　錯誤的文件流程不僅會讓員工在除錯、稽核、檢討上浪費時間，甚至會導致跨部門的衝突與磨合，也可能引發客戶問題風波。

　　不過，寫「文件」這件事對很多人來說，尤其是產品經理、工程師們，普遍覺得是浪費時間，此外，文件的「管理」更是門藝術，除了必須讓接收的人可以理解之外，還要能夠持續地更新與傳承，內化成公司的「知識管理（Knowledge Management, KM）」，進而成為公司最重要的資產與核心競爭力（Core competence）。

　　順道提一下，隨著 AI、大數據爆炸式的成長，生

成式 AI（Generative AI）的應用（如：ChatGPT）更是百花齊放、蓬勃發展，似乎只要懂得如何輸入提示詞（prompt），就能快速產生「文件」。對產品經理來說，比較好的作法是將 ChatGPT 視為 AI 助手，主要用於節省我們過去蒐集資料、產生模板、表格等所花費的時間，但文件的內容還是需要產品經理細細琢磨、消化素材，方可產出優質且對產品開發有實質效應的成果。

總的來說，「文件管理」指的是，「透過資訊系統進行管理，讓專案過程中所產出之每一份文件都可被有效識別的機制，所進行的必要管理作業。」

7-2 新產品開發的三大文檔：BRD、MRD 和 PRD

　　新產品開發在多數公司都是極機密等級的專案，通常只有核心成員可以知道，這種「只可意會、無法言傳」的低調方式，不僅造成人才斷層、培養不易，要是 Key Person 整體出走，公司營運勢必大受影響。過去經常承接某單位主管離職後的空缺，就任後才發現工作交接的文件，不僅內容不詳盡，還有很多事項未交待，也找不到相關資料，即使打電話去問，也是推說：「已經交接了，內容都在離職清單的文件上。」最後，只能一步步將「破網」補起來。

　　其實，多數公司的產品經理並未養成撰寫「文件」的習慣，「事後補件」就成了不成文的規定，如果有補件、歸檔那還好，至少下一次的新產品開發專案還有跡可循，最擔心的是：無前例可參考。如果依照這樣的模式去開發新產品，相信成功的機率肯定不高。

依照默爾・克勞佛（Merle Crawford）在《新產品管理》一書中，提出新產品開發流程（如圖 7-1）來看，不僅每個階段（Phase）的任務眾多、細節繁瑣，產品經理還需要與不同利害關係人溝通協調，因此，相關的文件內容肯定少不了，但大致上可以歸納成以下三大文檔：BRD、MRD、PRD，茲分述如下：

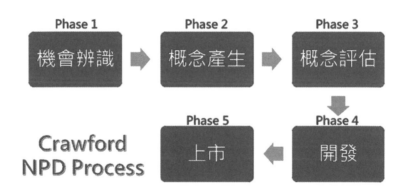

圖 7-1：作者整理

❖ BRD (Business Requirement Document) 商業需求規劃書

從商業這個字來看，大概不難猜出這份文件是要呈報給老闆及高層主管們檢視的內容，目的是讓決策者們從制高點的角度去了解：

- 為何要做這個產品？
- 需要多少資源（如：人、設備、時間、錢）？
- 可以幫公司帶來哪些效益？
- 可以提升哪些競爭優勢？
- 商業模式是什麼？

用簡單的話語來說，BRD 是「一份企業想要運用產品或服務實現目標的藍圖」。BRD 的內容則涵蓋新產品開發專案所有的可交付成果（如：市占率可提升 10%）以及與每個階段相關的輸入（inputs）和產出（deliverables）。

通常 BRD 由公司幕僚（如：特助）或是 PMO（專案管理辦公室）組織成員來撰寫，在大型企業比較適用，因為產品線及產品組合相對複雜許多，但對於中小型企業來說，BRD 可能會併入 MRD（以下說明）的文件內容。

❖ MRD（Market Requirement Document）市場需求規劃書

當公司高層同意 BRD 的內容，也就表示市場需求有增強的可能性，值得繼續往下一個流程發展，這時就需要著手進行 MRD 市場需求規劃書的撰寫。MRD 代表的是：

● 對新產品開發或產品強化的要求。
● 針對產品概念確定的顧客或潛在顧客以及市場需求。
● 確保在產品設計過程中有履行「傾聽顧客聲音」。

MRD 大致上涵蓋以下內容：

● **產品面**：對新產品或既有產品功能強化進行完整描述。
● **市場面**：市場區隔和目標市場分析，確定誰是潛在客戶。
● **競品面**：競爭分析——全面區隔市場中的競爭對手及其產品。

● **營運面**：針對即將開發的產品，描述其如何瞄準目標客群並與競爭產品做出區隔。

簡單來說，MRD 需要明確指出產品的目標客群，市場研究人員才能更好的進行分析，營運部門有了較精準的數據資料，自然在市場推廣方面，能夠制定出更好的方案。這就是 MRD 文件串連商業、市場、營運的關鍵角色。

通常 MRD 由公司的產品行銷經理或是產品經理自己來撰寫，我認為無論公司大小，都應該要有一份類似 MRD 的文件內容——對市場及使用者需求的充分了解。

❖ PRD（Product Requirement Document）產品需求規劃書

PRD 的主要作用在於，「向所有利害關係人及產品開發團隊描述該產品將是什麼？確保所有成員都明白該產品即將交付的內容為何？」

一般來說，PRD 包含以下內容：

- **摘要總結**：包括產品願景、目標、範圍和風險。
- **產品功能**：詳細定義產品功能列表，包括：發布計畫、功能性需求、非功能性需求、相容性、安全性、性能、可用性、操作性、服務機制、法律、安規、通路、包裝、測試、體驗……，以及其他大大小小瑣碎的事。如果你的公司在 Run 敏捷，那麼此部分的內容只需要簡化到目前已知的部分。因為，敏捷會在此過程的後期適應變化。如有必要，請主動添加到列表中，然後刪除不適用的內容。
- **開發架構**：本次產品開發專案的架構為何？將使用哪些工具和流程來開發產品？
- **高層次範疇**：說明所需的資源、工具、日期和里程碑。
- **風險分析**：說明可能的風險及分析因應對策。
- **結論或建議**：總結對於本次產品開發專案的具體結論或建議。
- **附錄**：圖表、參考資料或更多詳細文件都可以放在此處。

以上內容大致上可以再簡化成產品介面、產品流程、

功能需求、測試需求、體驗需求等面向，至於 PRD 要展開到什麼程度，還是要看公司大小及產品的複雜程度而定。

個人建議，PRD 必須由產品經理自己來撰寫，理由有以下兩點：

第一、確保產品能有效率有節奏的進行！

第二、PRD 的優劣關係到整個產品的發展方向！

❖ BRD、MRD、PRD 三者之間有何連結

從為什麼要做新產品的角度來看，BRD 是從企業經營管理的觀點來看產品策略；MRD 是從使用者的觀點來看市場問題；PRD 則是從產品的觀點提供解決市場問題的方式。

從黃金圈法則（Golden circle）來看，Why 所代表的是 BRD，How 是所謂的是 MRD，What 則是 PRD。

用一句話來形容：BRD 是產品的 Head、MRD 是產品的 Body、PRD 是產品的 Heart，有了 Hcad、Body、Heart 這就是一個完整的產品了！

對多數中小企業來說，通常是先完成 MRD，並得到高層主管及老闆批准之後，才開始撰寫 PRD。

實務上，也有公司將 MRD 與 PRD 合而為一。

❖ 文件如何內化成 KM，促進跨部門溝通整合

　　專案失敗並不可恥，特別是新產品開發的失敗率尤其高，如果我們沒有從每一次的專案失敗過程中汲取經驗（Lesson Learned），難保下一次不會再出現類似的情況。以這次疫情防範為例，有多數國家相繼出現離譜的防疫漏洞，台灣雖然也有不少問題發生，但如果不是 2003 年 SARS 的防疫經驗傳承（相關的文件記錄及當時的防疫人員協助），相信將會造成更難以預測的災難！因此，「保留專案經驗記錄，提供未來專案參考」這件事就顯得日益重要。

　　個人認為，要讓「文件管理」做得好，並且內化成公司的 KM，首要之務就是要成立專責組織來推動，如果公司已經有 PMO 相關單位，那麼這件事的進展就比較有機會能達成目標，反之，將成為三不管地帶，大家相互推諉責任，這也是長久以來公司推行 KM 失敗的主因。

　　其次，要建立文件樣態的標準化，不同單位的文件格式（如：Office、Visio、Xmind、Axure……）、內容（如：文字、圖片、影音……）可能有極大的差異，KM 推動小組需要跨單位進行溝通協調，並扮演「文件標準

化」的橋梁。

最後，則是要將各部門是否有落實「文件管理」列入
KPI 指標，作為績效考核的一部分，KM 推動小組則是要
定期與各單位進行訪談，以了解運用「文件」與其他單位
溝通的成效以及遇到的問題有哪些。

上述的做法可以運用敏捷的專案管理來執行，經過幾
次迭代修正（如：口罩實名制），就能逐漸讓 KM 標準
化，也能充分運用在新人的入職訓練，不僅可以節省不少
公司內部溝通的成本，還能化解不必要的跨部門衝突發
生。

隨著 5G、AI、大數據的快速發展，新產品開發的複
雜程度可想而知，「文件」的「數位化」將是必然的趨
勢，隨之而來的資安問題（如：文件控管）也將是公司需
正視的問題。至於新產品開發專案的「文件」有哪些具
體內容或是標準格式、範本，也許就不一定是最重要的問
題，只要能有效達成團隊溝通的目的、共同完成產品上市
的目標才是最核心的關鍵。

PM 筆記
本章重點摘要

❶ 錯誤的文件流程不僅費時費力，甚至會導致跨部門的衝突與磨合，也可能引發客戶問題風波。

❷ 雖然有 ChatGPT 作為助手，但文件的內容還是需要產品經理統整管理。

❸ 文件若無法達成跨部門溝通的成效，進而內化成為公司的 KM，也是徒然。

❹ 新產品開發的三大文檔：BRD、MRD 和 PRD。並非全然都具備，也不一定要有固定的格式、範本，可因應公司規模做調整。

❺ 「文件數位化」將是必然的趨勢，隨之而來的資安問題，也將是公司需正視的問題。

第八章

團隊合作，
攜手完成產品開發目標

＃產品開發到上市階段的專案管理與目標管理
＃新產品開發團隊的四種PM類型

每到年終時刻，各家公司除了把握機會衝刺年度業績之外，最重要的莫過於規劃來年的營收及預算。老闆及各事業單位主管也會根據營收目標來制定 KPI（關鍵績效指標）。

　　KPI 的設計本意是為關鍵性的任務（如：新產品開發專案）定出衡量的方法，再用實際測量得到的數字做回饋，協助各級人員瞭解狀況與進度，以進行必要的調整，藉以提升總體的效益。建立明確的、切實可行的 KPI 衡量指標是做好績效管理的關鍵。

　　以新產品開發流程而言，開發到上市階段，會被定義為「專案管理」的範疇——如質、如期、如預算的完成專案的交付。

　　在 VUCA 時代，競爭激烈的市場環境中，新產品開發肯定是企業成功的重要因素之一。然而，要實現新產品開發的成功，我們需要明確的「目標管理」及「專案管理」的執行力。

8-1 目標管理與組織績效的連結

　　管理學兼心理學教授艾德溫・洛克（Edwin Locke），在 1968 年的研究中指出，「設定具有挑戰性的目標，具有激勵作用。」這意味著，好的目標設定所帶來的好的效果，其因果關係已經無庸置疑，且成果是可以期待的。

　　目標管理（Management By Objective, MBO）一詞源自於管理大師彼得・杜拉克的一項研究：「只有參與決策行動方案，人們才比較有可能堅持到底。」簡單地說，「目標管理（MBO）」就是將組織的總體目標轉換成為組織單位各部門及個人的特定目標。假如每個人都達到了他們的目標，則所屬部門的目標也就達成，整體組織目標也就實現了。

　　相信大家都知道，在新產品開發流程中，產品經理有非常多瑣碎的事需要進行跨部門溝通協調，然而，產品經理通常不是管理職，很多時候你可能只有一個人，沒有人向你報告，但你卻必須扮演領導者的角色，要說服新產品

團隊成員心甘情願的跟隨你。不過，很多產品經理在溝通領導這件事上，並未做得很好，導致團隊成員衝突頻繁，甚至造成專案失敗的風險日增。

　　既然產品經理在團隊是扮演領導者的角色，因此身為產品經理，你必須要能適時地採取激勵及鼓勵的方式來引領大家完成任務，也更需要有智慧去化解團隊成員之間可能的衝突與紛爭。如此一來，相信由產品經理所領導的新產品團隊之運作將更順利，也更有機會達成公司的目標。

　　實務上，我們可以依照以下四個簡單步驟來實踐目標、達成績效：

　　一、確定目標：新產品開發的首要是確定明確的目標。這些目標應該是具體、可衡量、可達成的，並與企業的策略目標保持一致性。

　　二、設定目標：確定目標後，接下來則是設定這些目標，如：SMART 原則。

Specific（明確的目標）

Measurable（可衡量、量化的數值）

Attainable（可達成的目標）

Relevant（和組織、策略相關的）

Time-based（有明確的截止日期）

舉例來說：

1. 明確的目標：明年公司營業額將成長 30%。

2. 可衡量的：透過季報（quarterly review）來衡量進展，並設定指標追蹤進度，顯示公司是否達到了目標。

3. 可達成的：去年公司的營業額成長了 20%。相信 30% 的目標是可以實現的。

4. 相關的：根據過去的研究，新產品數量的增加與公司銷售額提升有正相關。

5. 有時限的：跟去年相比較。

三、監控進度：設定目標後，監控進度變得至關重要。這有助於確保新產品開發專案按計畫進行，並能夠及時應對並解決問題。

四、調整目標：如前所述，新產品開發過程中，不僅任務繁瑣，還可能會出現未知的變化和挑戰，因此，適時調整目標有其必要性。

8-2 新產品開發專案的四大類型

面對環境的詭譎驟變，對於企業老闆或高層主管來說，在決定新產品開發專案之初，除了需考量公司的產品組合策略之外，還必須界定該專案的特質，以便挑選適合的產品經理（如：資深或新手）與人才，共組新產品開發團隊。

❖ 1. 突破型產品專案
(Breakthrough Projects)

是一種在技術面與市場面均帶來重大改變的新產品與新技術開發專案，開發風險與不確定性很高。突破性產品專案（如：生成式 AI 產品）與企業當前主流產品開發專案有很大差異，資源投入的需求量高，但短期間很難產生成果與利潤，因此開發過程中遭遇的阻力就比較大。

由於突破性產品專案需要研發不同的產品技術，開發

與過去完全不同的產品與市場，企業現有的核心能力幾乎都派不上用場，經常需要自外部延攬專家顧問協助，導致管理的複雜度遠高過於以下三種專案類型。

❖ 2. 平台型產品專案（Platform Projects）

企業開發平台產品主要是為了滿足一群核心顧客的需求，但是設計時也必須考慮到後續的衍生產品開發。平台產品設計應該包括更為模組化，更具有外加性、取代性與移動性，以利於後續產品的開發，填補市場產品缺口。一項良好的平台產品設計，除了要關注技術發展趨勢之外，還必須能夠提供產品間世代轉移的流暢性，使得消費者不至於有世代斷裂的情況產生。

企業採行產品平台策略的好處如下：

(1) 允許管理階層在對的時機點聚焦在主要的決策；

(2) 鼓舞高層採行長遠的產品策略（如：何時取代主要的產品平台）；

(3) 產品開發的快速與一致性；

(4) 充分發揮營運效率。

儘管平台產品被認為具有強大市場潛力與攸關企業競爭優勢，但企業對於平台產品開發的投入大都未能給予同

等的重視。造成這種落差的原因是，許多產品經理人尚未察覺到平台產品的策略性價值，再加上他們也不知該如何有效管理平台產品的開發專案。而一些在新產品開發具有卓越成就的企業，則大都會將平台產品專案放在整合性專案規劃與管理的核心地位。

❖ 3. 衍生型產品專案 (Derivative Projects)

指的是一種衍生於上述平台型的產品專案，包括對現有產品改良以提升功能、降低成本，或為滿足不同區隔市場客戶的需求而改變功能外型。

一般而言，衍生型產品的技術創新與市場創新幅度不大，開發過程的風險較低，專案時程較短，所需資源也比較有限，因此，比其他類型專案更易界定與管控。不過組織內衍生產品專案的數量頗多，而且時間的急迫性也很高，如何提升專案執行的效率，如何使相關性質的衍生產品專案能發揮互補的綜效等，也是新產品開發專案管理上的一大挑戰。

❖ 4. 支援型產品專案（Support Projects）

　　通常是針對既有產品的微小改變、改善，或是提升其應用的範圍（如：原本 App 僅適用 iOS XX 版，然後拓展至新的 iOS 版本或是 Android），也有可能是為了解決現有產品的 bugs。

　　這類型的產品專案，風險最低，但一不小心，可能還是會造成大災難。在一般軟體發布更新最容易出現問題即是：也許發布的定義是為了解決某一個小 bug，但可能沒有測試周全或是未注意到程式碼之間的連動性，那麼就會一發不可收拾（如：iOS 17 發布後陸續傳出耗電、閃退、發燙等災情）。

8-3 新產品開發團隊的四種產品經理類型

　　如上所述，大家可以發現到新產品開發專案，確實有諸多「眉角」，雖然說有風險高、低之分，但根據個人經驗，整體來說，新產品開發還是屬於風險程度「極高」的專案。因此，如何為公司的新產品開發專案團隊「挑選」適合的產品經理，就成了該專案在先天上成功或失敗的關鍵要因。

　　我自己對產品經理角色的看法，則是依據其「專案管理能力」及「溝通協調能力」的強弱，再細分為 A. B. C. D. （Assistant、Babysitter、Coordinator、Dominator）四種角色（如圖 8-1），分別說明如下：

1. **秘書型**（Coordinator）：這類型的產品經理一般都是由剛入職且較資淺的員工來擔任（台灣電子製造業一般有 PM Coordinator 或是 RD PM 之職位），

在新產品開發的專案中，負責命令傳達、會議記錄和進度追蹤執行等工作，由於經驗較不足，自然對於新產品專案的理解較少，判斷力也較弱，風險識別力較差，組織協調能力也稍嫌不足。雖是如此，但此類型的 PM 卻是要成為一個成功產品經理的基礎。

2. **保姆型**（Babysitter）：從字面上就可以知道這類型的產品經理的主要特點就是對新產品開發專案的事屬於「事必躬親」的服務（說白話點就是「雞婆」、「熱心」兩字），較秘書型的產品經理多些溝通協調能力。這類產品經理通常對事情優先順序、重要性的判斷力較弱，或者本身理解和判斷力不夠深入，因為不太會 Say No 而成為這種類型。保姆型的產品經理常常忙於例行事務，因而對專案本身的深入和重點把握不夠，團隊成員也會習慣將不願意做的雜事都交給保姆型的產品經理來做。

3. **協助型**（Assistant）：協助型的產品經理算是支配型（大 PM）的最佳助手（通常也稱為小 PM），

這類型的產品經理在組織協調能力可能不如保姆型的產品經理，但對新產品開發專案的理解力相對較強，對專案局部事務有一定的掌控力，但比較缺乏對專案系統全面的理解和掌控，通常會受制支配型（大 PM）的意見，相對來說，較缺少獨立思考和見解能力。

4. **支配型**（Dominator）：支配型的產品經理，一般就是公司負責產品的最高主管（通常稱為大 PM 或是產品長）。這類型的產品經理對專案管理的掌控力強，結果導向，對目標負責，對新產品專案也有較深入的理解，善於發揮團隊力量，並能有效的控制專案時程與進度，在整體專案進程中發揮重要的主導作用。

以上四種產品經理類型，無法用好壞分之，不同類型的 PM 通常是因應不同類型的團隊或團隊在不同階段當中的需要。

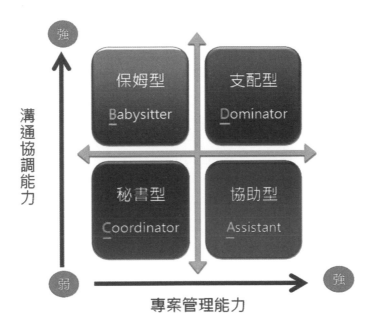

圖 8-1：作者整理

　　新產品開發是一個具有挑戰性的多步驟流程，除了需要有明確的目標管理（如：產品上市日期）之外，還需要高效的專案管理來確保專案中的每個任務能按計畫進行，並在預算和時間範圍內完成。如此，方能確保企業績效之達成。

本章重點摘要

❶ 要實現新產品開發的成功，團隊需要明確的「目標管理」及「專案管理」的執行力。

❷ 要實現公司整體利益，產品經理需要將目標化繁為簡、引領大家完成任務、化解團隊成員衝突，在在考驗產品經理的溝通領導力。

❸ 新產品開發專案的領導者與產品經理的經驗值有密切關係。

❹ 新產品開發專案的四大類型：突破型、平台型、衍生型及支援型。

❺ 新產品開發團隊的四種產品經理類型：秘書型、保姆型、協助型及支配型。

第九章

即將粉墨登場，
準備好你的行銷策略與戰術

也許很多人不知道，微軟發展行動網路都比某些競爭對手早，迄今已推出了好幾代的 Windows Phone 與手機作業系統等新產品，也曾於 2013 年以 72 億美元併購了 Nokia，但最終都以失敗收場（如：2016 年又以 3.5 億美元將 Nokia 出售），為何微軟始終沒趕上智慧型手機風潮？

　　試圖用力想想，Windows Phone 可以繼續存在的理由？比較好用？比較便宜？比較快？比較簡單操作？比較安全？還是連接性更強？微軟設計出的手機作業系統可能不錯用，也很漂亮直觀，但這是手機用戶需要或想要的嗎？

9-1 產品上市前需思考的三大問題

　　新產品上市對公司而言是件大事，攸關接下來企業的整體營運與績效，但個人以為，新產品上市充其量只是個名詞（如：辦場記者會、發布新聞稿……），真正的考驗在於上市後，有關產品的銷售數字、顧客反應或抱怨的次數、產品的問題或缺失……，是否與上市前所預期的相同。

❖ 1. 是否有真正解決使用者的問題

　　多數新產品上市後失敗的主要原因之一就是，「該產品並未真正解決消費者在實體世界所面臨到的問題，更多時候使用者要的其實是完整的解決方案。」然而，對很多產品經理來說，他們往往會把自己的需求當成是消費者需求，沒有針對目標顧客其需要或想要的功能特色去開發的產品，自然沒法得到使用者的青睞。

依個人之見，產品經理不妨先針對以下問題來個自問自答：

Q1：當初開發新產品的初衷為何？

Q2：新產品開發的過程當中，有哪些利害關係人一直提出反對意見？主要的議題／原因為何？

Q3：在腦力激盪的過程當中，重新檢視是否有哪些很酷、超炫的 ideas，既符合使用者需求，又可以考慮放入新產品規格之中？

❖ 2. 是否與目標顧客面對面溝通

如上所述，要辨認出產品是否有真正解決使用者的問題，最好的方式就是與目標顧客面對面溝通。「**如果沒有與幾個具代表性的顧客或使用者討論過即將上市的新產品，千萬不要貿然進行上市**」，這是我對產品經理的建議。實務上來說，所謂的面對面溝通討論，盡量是以非正式的方式來進行，這樣做好處是讓真正的使用者在真實的環境當中去了解、使用產品，這種自然、直接的回饋就是對該產品最好的驗證。

❖ 3. 是否客戶手上已經有產品原型

如前所述，產品經理在產品上市之前，必須做好「產品使用測試」的驗證，這也就表示客戶端理當要有產品原型，這樣做的目的在於需確認新產品的功能特色是否與使用者的想法一致，如果答案相左，那也就代表多數人對於新產品的「價值主張」存有質疑，必須在上市之前將產品的功能特色加以調整——俾使能真正解決使用者的問題為依歸。

9-2 產品生命週期

「產品生命週期理論（Theory of Product Life Cycle）」是美國經濟學家暨哈佛大學教授雷蒙德・弗農（Raymond Vernon）於 1966 年在《經濟學季刊》上發表 "International Investment and International Trade in Product Cycle" 一文，首次提出產品生命週期的概念。

從新產品開發的角度來看，「產品生命週期」指的是，「從產品切入市場開始，經過快速成長、爬上銷售量的高峰（成熟）而後銷售量減少終至退出市場為止的歷程，也就是產品導入到回收間的時間。」

如果以銷售的觀點來看產品生命週期，是指「某項產品，從最初在市場出現到退出市場這段期間內，銷售量變化與時間的關係，描述各個階段的產品屬性及市場特性的一種觀念。」

站在消費者的立場觀察，藉一個產品在顧客中的「地位」或觀念，常會隨時間的競爭情況而改變，這種現象導

致另一個極重要觀念，即「產品生命週期」或「產品生命循環」。

一般對於產品生命週期的討論，以市場銷售的觀點可分為以下四階段（如圖 9-1）：

- **導入期**（Introduction）：指產品剛推出市場，銷售成長緩慢的時期。
- **成長期**（Growth）：指產品逐漸被市場接受，銷售成長迅速的時期。
- **成熟期**（Maturity）：指產品已為多數的購買者接受，銷售成長緩和且呈現穩定狀態的時期。
- **衰退期**（Decline）：指產品銷售急速下降，終至被其他替代性產品所取而代之。

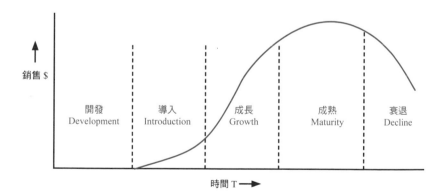

圖9-1：作者整理

歸納相關產品生命週期說法，菲利普・科特勒認為產品生命週期有下列四個特性：

1. 產品生命是有限的。
2. 產品的銷售歷程有數個不同階段，並在每個階段均有其特殊的競爭環境及生產條件上的不同變化。
3. 在不同的產品生命週期階段，明顯表現在銷售量及利潤的變化上。
4. 在不同的產品生命週期階段，產品需要不同的行銷、財務、製造、採購及人事策略，以提升其競爭能力。
　　（如圖 9-2）

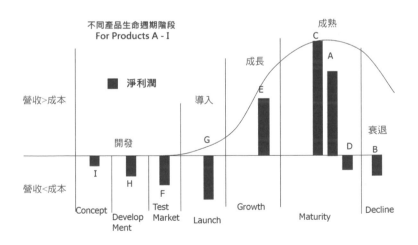

圖9-2：作者整理

9-3 創新擴散理論與跨越鴻溝理論

　　「創新擴散理論」是由美國學者埃弗雷特・羅傑斯（Everett M. Rogers）於 1962 年提出的。羅傑斯認為創新是：「一種被個人或其他採納單位視為新穎的觀念、時間或事物。」擴散理論（Diffusion Theory）主要在於分析，「創新產品各時期所可能的銷售狀態，進而預測該產品在市場中為消費者所接受與採用的普及情形，並稱其為產品之『擴散』。」

　　創新的採用者分為：創新者、早期採用者、早期大眾、後期大眾及落後者，相關理論模型的特徵為 S 型累積採用者曲線（如圖 9-3）：

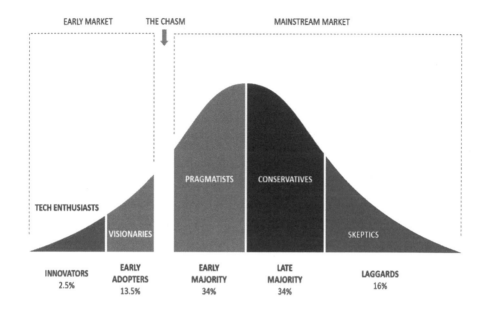

圖 9-3：資料來源：thinkinsights.net

　　　　　　　　　　　　　　　　打造產品經理黃金身價的 10 堂課

- **創新者**（Innovators）：這群人占市場 2.5%，是勇敢的先行者，自覺推動創新。創新者在創新交流過程中，發揮著非常重要的作用。
- **早期採用者**（Early Adopters）：這群人占市場 13.5%，是受人尊敬的社會人士，是公眾意見領袖，他們樂意引領時尚、嘗試新鮮事物，但行為謹慎。
- **早期大眾**（Early Majority）：這群人占市場 34%，是有思想的一群人，也比較謹慎，但他們較之普通人群更願意、更早地接受變革。
- **後期大眾**（Late Majority）：這群人占市場 34%，是持懷疑態度的一群人，只有當社會大眾普遍接受了新鮮事物的時候，他們才會採用。
- **落伍者**（Laggards）：這群人占市場 16%，是保守傳統的一群人，習慣於因循守舊，對新鮮事物吹毛求疵，只有當新的發展成為主流、成為傳統時，他們才會被動接受。

「跨越鴻溝（Crossing the Chasm）」（如圖 9-3）理論則是出自傑弗瑞・摩爾（Geoffrey A. Moore）所寫的《跨越鴻溝》一書中，該理論對羅傑斯所提出的「創新擴

散理論」加以推廣和擴展。

《跨越鴻溝》一書的重點在於：高科技企業因為某項產品而失敗的根本原因是沒能跨越市場中的「鴻溝」。要想破除失敗的詛咒，必須做到認識鴻溝、跨越鴻溝。

首先，認識鴻溝。在主流市場之前，還有一個早期市場（Early market）。高科技企業的早期市場和主流市場之間存在著一條巨大的「鴻溝」。能否順利跨越鴻溝並進入主流市場，決定著一項高科技產品商業化的成敗；其次，在產品初期，只關心銷售量的驅動作用會給企業帶來致命的後果，品牌必須要確保首批用戶對產品非常滿意，從而才能形成口碑，從而為實用主義者（pragmatists）在選擇產品時提供參考。此後進入主流市場時，則繼續影響實用主義者和保守（conservatives）消費者形成購買，成為科技產品在網際網路時代致勝的方程式。

摩爾於書中以 Apple II 電腦為例，從原本僅受業於愛好者關注，轉變成主流消費者的熱門話題，並讓創新的採納者從早期採用者變成早期大眾，在「跨越鴻溝」後真正得到主流的成功案例。

對產品經理來說，創新一開始（新產品或新服務），應該集中火力聚焦在創新者與早期採用者的接受，而不要

浪費在所有的市場消費者，因為大多數的人是反對接受創新產品或服務的。當早期大眾也接受了，創新行銷就完成了，因為外部性，會讓使用者主動幫你做行銷。一旦「跨越鴻溝」之後，市場就會自己成長。

9-4 產品生命週期：行銷策略與行銷戰術

如前所述，產品生命週期分為不同的市場階段，產品經理將根據各個階段不同的市場特點，與市場行銷人員共同制定出相應的行銷策略與戰術。茲整理成以下表格：

	行銷策略	行銷戰術
1. 導入期	建立品牌知名度（brand awareness）並為產品開發市場。	1. Product 產品 建立產品品牌和品質水平，必且要獲得專利（patent）、商標（trademark）等知識產權保護（IP protection）。 2. Price 價格 定價可能是採取低滲透定價（penetration pricing）以建立市占率或吸脂定價（skimming pricing）以收回開發成本。

		3. Promotion 推廣 針對的是早期採用者（early adopter）。溝通旨在建立產品知曉並教育潛在消費者了解產品。 4. Place 通路 有選擇性的，直到消費者表示接受產品。
2. 成長期	建立品牌偏好（brand preference）並增加市占率。	1. Product 產品 儘可能保持產品品質，並增添產品附加功能和支持服務。 2. Price 價格 在幾乎沒有競爭的情況下實現不斷增長的需求，定價得以維持。 3. Promotion 推廣 針對更廣泛的受眾。 4. Place 通路 隨著需求的增加和更多的客戶接受產品，會增加分銷通路。

3. 成熟期	尋求利潤最大化的同時保持市占率。	1. Product 產品 　為了與競爭對手的產品差異化，須強化產品功能。 2. Price 價格 　有新的競爭對手出現，定價可能會更低。 3. Promotion 促銷 　強調產品差異化及增加新功能。 4. Place 通路 　變得更加密集，並且可以提供獎勵方案來擴大客戶購買的機會。
4. 衰退期	銷售額開始下降，公司需要就如何處理產品做出艱難的決定。	1. 維護產品：通過增加新功能和尋找新用途使產品重生。 2. 收穫產品：降低成本。繼續向忠誠度高、有利基的市場提供產品。 3. 停產產品：清算剩餘庫存或將其出售給其他公司。

表格：作者整理

是以，企業應依據產品所處的生命週期階段，預測出產品未來的發展趨勢，或是思考如何延續產品的市場壽命。同時，根據產品所處的不同階段所面對的市場及客戶的特點，制定並實施有針對性的行銷策略與戰術，提高產品進入市場的能力，進而快速實現收益。

本章重點摘要

① 新產品上市不代表產品已經成功。沒有真正解決使用者的問題，新產品的「價值主張」自然不復存在。

② 產品經理的挑戰：新產品上市後，是否與上市前所預期的相同。

③ 產品生命週期的實質意義在於：企業應思考整體產品組合的營收是否大於成本，即是獲利。

④ 創新一開始（新產品或新服務），應該集中火力聚焦在早期採用者（Early Adopter）的接受，一旦「跨越鴻溝」之後，市場就會自己成長。

⑤ 產品經理在上市階段的角色：與市場行銷人員共同制定出相應的行銷策略與戰術。

第十章

持續改善產品，
提升客戶價值

#產品上市後的迭代更新與優化
#產品迭代更新流程

新產品上市之後，是否就代表產品經理的工作已告一段落？

　　舉例來說，面對氣候變遷帶來的狂風暴雨，除了造成不少災難之外，家庭用戶的除濕機更是必備的家電產品。但我們也常看到新聞媒體中出現「除濕機自燃……造成電線走火……」等報導。

　　產品不是已經上市了嗎？不是已經銷售出去了？怎麼還會出現品質不良的問題呢？

　　其實，新產品上市就如同新車上路一樣，會碰到不同的路面狀況，也許有坑洞、落石……，新車的道路駕駛，有所謂的「磨合期」，駕駛人需要從每一次的駕駛體驗當中，學習如何「人車合一」，也唯有「人車合一」才能確保道路駕駛的安全。

10-1 上市管理系統四步驟

對應到新產品開發流程來說，在新產品上市之前，產品經理需建立一套有效的「上市管理系統（Launch Management System）」以應變產品上市後，可能產生的所有情況，通常包含以下步驟：

❖ 1. 匡列可能的潛在問題

只要是會造成實質上傷害的事件，不論是否發生，都要納入考慮並預期可能造成的影響及損失。

舉例來說，結合登山車和輕鋼架單車的 Huffy 公司，因為沒有預測到產品上市可能遇到的潛在問題：銷售通路，意即銷售該產品的銷售據點需要專業人員的解說才有利於這種混合式單車的銷售。Huffy 則是選擇了一般通路（大眾化的量販店等），而非專業的自行車專賣店，導致了 500 萬美元損失的代價。

❖ 2. 選擇需要控制的問題

根據預期影響及損失將問題排序，並選出需要被「控制」以及不需要被控制的問題。

以下的表格是一個「預期影響矩陣（expected effects matrix）」的說明，主要是根據「潛在傷害」和「發生可能性」兩種因素導出四種型態（可忽略、警戒、控制、立即處理）的九種不同類別的事件。產品經理可以忽略傷害和發生可能性都很小的類別（如：表格左上方）；表格中間的問題則須依照建議（警戒、控制變數）來處理；表格右下角的問題則應立即處理。

潛在傷害 發生可能性	值得注意	有傷害性	毀滅性
低			
中			
高			不要再等了必須立馬採取行動！

■ 警戒變數，要注意

■ 控制變數，如果可能的話，發展權變計畫並追蹤

❖ 3. 針對問題制定緊急權變計畫

權變計畫（contingency plan）指的是當假設問題真的發生時將需要做的事，必須要能立即付諸實行，否則就不能稱之為權變計畫。

❖ 4. 設計追蹤系統（變數、測量方式等）

設計追蹤系統的目的在於能夠快速回傳有用的資料，以利分析問題所在。當然，前提是我們已經具備某些程度的數據庫及經驗法則。一旦某個問題無法被追蹤，不論其預期的影響有多大，都將無法控制。

設計追蹤系統的範例參考如下：

- **潛在問題**：已經試用並購買產品的首批使用者，有2/3 並沒有持續在三個月內下訂單購買。

- **追蹤方式**：針對首次購買的潛在顧客，進行電話訪問。

- **追蹤指標**：在三個月內有 50% 的試用購買者會再下訂單購買。

- **權變計畫**：假如使用者不再購買，代表產品在使用上可能有些問題，而非產品本身有問題，因此我們必須先知道不當使用的原因。透過電訪或是實地拜訪顧客以了解問題，才能真正採取適當的行動。

10-2 產品迭代更新流程

　　企業新產品失敗的原因固然有很多，但更多的情況是發生在：很多企業忘記了最重要的服務對象是使用者，而一味的鑽研設計出華麗的產品，最後推出時才發現這些功能或裝飾根本不必要或不好用，這些問題來自於忽略了使用者需求的重要性。

　　在實務的運用上，「設計思考」特別強調在設計開發新產品（或新服務）時，必須同時關注考量到新產品的「人性上的需求性」、「技術上的可行性」與「商業上的可持續性」（如圖 10-1），特別是在「以人為本」、「同理心」的探索。這部分等同於新產品開發的前期階段（Pre-development stage）。

1. **需求性**（Desirability）：是指人們對產品的需要的程度，以及產品是否滿足他們的需求和願望。如果

產品不被使用者所喜歡，那麼無論它在技術上多麼可行或在商業上多麼可行，它都不太可能成功。

2. **可行性**（Feasibility）：是指產品在技術上是否可行。如果一個產品的創造不可行，那麼無論用戶對它有多渴望，或者在經濟上多麼可行，都將很難或不可能將其推向市場。

3. **可持續性**（Viability）：是指產品在財務上是否可持續。如果產品在財務上不可行，那麼它就不是一個可持續的業務，並且最終會失敗，即使它是使用者非常想要的並且在技術上是可行的。

而進入真正的產品開發階段，敏捷思維的迭代產品開發法就可以在短時間內產出可用、但不完美的產品（最小可行化產品），直接拿去測試顧客反應，再回頭修改，反覆執行這個循環，加速產品上市。

舉例來說，蘋果也是從第　代 iPhone 開始，每一年都會推出新產品，一直到最近的 iPhone 15、iPhone SE 等，每一代的升級，都是在前一代產品的基礎上進行更新迭代，保留產品的優勢及賣點，更新產品不足的地方。

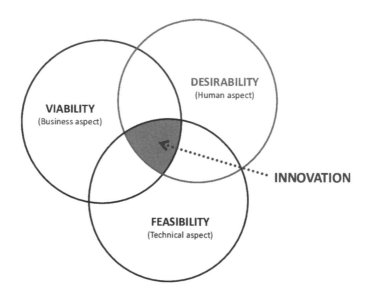

圖 10-1：資料來源：researchgate.net

打造產品經理黃金身價的 10 堂課

❖ 迭代、版本、優化

迭代（Iteration）是起源於敏捷軟體開發實踐的過程。目的是快速啟動、從市場獲得反饋並建構更好的功能。簡單來說，迭代指的是「某版本的生產過程，從需求分析到測試完成。」而版本的意思則是「某階段軟體開發的結果，一個可交付使用的產品。」

那麼，產品經理在什麼情況下，才能確認需求迭代更新呢？至少需要符合以下三要件：

1. 符合產品定位的需求優先開發。
2. ROI 高的優先開發。
3. 嚴重影響使用者體驗的優先開發。

產品優化（Optimization）的目的則是透過提升產品體驗，達到既定的產品目標，從而實現商業目標。實際上的做法是通過數據分析或使用者反饋、市場研究等途徑來挖掘使用者新需求，進而完善產品的功能服務。因此，只有明確產品中存在的具體問題和導致問題的原因，產品優化工作才能有效達成。

綜上所述，迭代、版本和優化是產品經理在產品開發和經營過程中使用的重要概念。

「迭代」強調了逐步改進和不斷學習的方法，「版本」用於將功能和改進一次性交付給用戶，「優化」則是持續改進產品的過程。產品經理需要在這三個方面做到平衡，以確保產品能夠滿足使用者需求、保持競爭優勢並實現商業目標。不同的階段和目標需要不同的策略和方法，但它們都是產品經理工具箱中的重要工具，用來建立和經營成功的產品。

❖ 產品迭代的六步驟

在日常工作中，產品經理或多或少需兼任「專案經理」的角色，不僅需要參與產品規劃、開發到發布全過程，過程中還需負責處理突發情況、團隊資源協調等問題。在這種情況下，就必須要有一套從規劃到發布合理規範的流程。

如前所述，產品迭代是指在產品開發過程中，不斷地根據市場需求、使用者反饋和技術趨勢演化等因素，對產品進行改進和優化，以不斷提升產品的品質和價值，滿足使用者的需求，並且保持競爭優勢。

在實際操作中，產品迭代通常需要經歷以下步驟：

1. **確定產品目標**：明確產品的核心價值和目標客群，確定產品的基本功能和特點。
2. **確定迭代範圍**：根據市場需求和使用者反饋，確定需要進行改進的部分，以及優先級和時程範圍。
3. **設計產品方案**：針對需要改進的部分，進行產品設計和優化，並且制定相應的技術和執行方案。
4. **實施迭代改進**：根據設計方案，進行產品改進和優化，實施相應的技術和執行方案。
5. **測試和驗證**：進行產品測試和驗證，確保產品改進和優化的效果符合預期。
6. **檢討和反饋**：分析產品改進和優化的效果，蒐集使用者反饋和市場數據，對產品進行檢討和反饋，並且制定下一步迭代計畫。

總的來說，產品迭代是一種持續不斷的產品優化和改進過程，通過不斷優化產品功能和特點，確保產品的競爭優勢和使用者滿意度。在實踐中，需要根據具體情況進行靈活運用，並且進行適時調整和改進。

本章重點摘要

❶ 新產品上市後，產品經理及團隊仍需擔負監控產品在上市期間的各種狀況。

❷ 「上市管理系統」四步驟：發現潛在問題、選擇控制事件、發展權變計畫以及設計追蹤系統。

❸ 確認需求迭代更新的三要件：符合產品定位的需求、ROI 高、使用者體驗不佳。

❹ 迭代強調了逐步改進和不斷學習的方法，版本用於將功能和改進一次性交付給用戶，優化則是持續改進產品的過程。

❺ 產品迭代是一種持續不斷的產品優化和改進過程，通過不斷優化產品功能和特點，確保產品的競爭優勢和使用者滿意度。

產品經理
精選問題集

從事產品經理培訓以來，一直都有學員及臉友私訊或 Email 我關於產品經理職場、工作等相關問題，這些問題不僅重複被提及，相信也是其他朋友會遇到的痛點、困境，因此，在逐一回覆之餘，我將每個問題解析成更詳盡的內容，並撰寫成文章，希望能協助更多產品經理們釋疑。

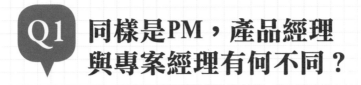

Q1 同樣是PM，產品經理與專案經理有何不同？

　　從新產品開發的角度來看，產品經理負責的是整個產品生命週期（從生到死），專案經理則是負責整個新產品開發流程中個別專案的生命週期（專案管理五大流程：起始、規劃、執行、監控、結束）。

❖ **職責的不同**

　　產品經理的職責在於規劃。產品經理是做正確的事（Do the right thing），其所規劃的產品是否符合使用者和市場的需求？是否滿足（解決）了目標客戶的需求（痛處）？評估哪些需求該做還是不該做？產品上市是否能給公司帶來商業價值？是否實現公司的商業目標？

　　專案經理的職責在於執行。專案經理是把產品經理所負責的正確的事情做正確（Do the thing right），竭盡所能將執行做到位，在時間、成本和資源有限制的條件下完成

既定的目標。

　　在一個公司中類似這樣縱向管理的單位都是一個職（功）能部門，例如：行銷部負責推廣，業務部則是負責銷售等，而產品經理是橫向管理，也就是該員將負責把某個產品（線）推廣到市場。當然，產品經理不一定是擁有決策的人，每家公司對產品經理的賦權（empowerment）也不同，但可以肯定的是：想做好產品經理，是需要很多方面的知識和技能，產品經理也將是公司未來核心人選（如：C-Level 主管）的潛力職位。

❖ 授權範圍的不同

1. 專案經理一般是被授權的合約履行的負責人

　　專案合約是規定承、發包雙方責、權、利具有法律約束力的契約檔，是處理雙方關係的主要依據，也是市場經濟條件下規範雙方行為的準則。

　　專案經理是公司在合約專案上的全權委託代理人，代表公司處理執行合約中的一切重大事宜，包括合約的實施、變更調整、違約處罰等，對執行合約負主要責任。

　　當然，根據企業的不同，老闆能否給予專案經理相對的授權則是另一回事了。

2. 產品經理的授權是保證產品供應鏈的暢通

產品經理保證其所負責的產品，從上游創意、研發開始，至採購、生產，到下游管道、通路，直至終端使用者的整個產品供應鏈的暢通，因此，產品經理不僅要有產品知識，還需要有市場敏銳度，更要具備溝通協調能力，例如：財務、生產、物流、服務、行銷……。

不過，一般來說，產品經理並無對外簽訂合約的授權。

此外，一般企業產品經理的職責還可分為以下三類：

(1) **研發型產品經理**：指的是在產品研發階段，其工作重心在使用者分析、需求分析、需求評估、需求管理、撰寫需求文件、製作原型和流程圖等方面。

(2) **營運型產品經理**：指的是產品上線之後的營運階段，其工作重心在產品推廣，營運資料的數據分析，如何吸引新客戶、留住老客戶以及如何讓消費者願意掏錢買單。

(3) **市場型產品經理**：指的是在產品生命週期階段，其工作重心在於如何採用各種行銷戰術讓產品變得好賣，如何獲取良好的口碑，以及如何打造產品品牌。

綜上所述，如果將新產品開發視為一個專案，產品經理所負責的則是 Idea-Product-Launch 的所有過程，因此，只要產品未下市或淘汰，產品經理都必須負起責任；而專案經理在新產品開發的過程當中，主要是負責產品開發到上市，並如質、如期、如預算完成產品交付的相關程序（如附圖 1）。

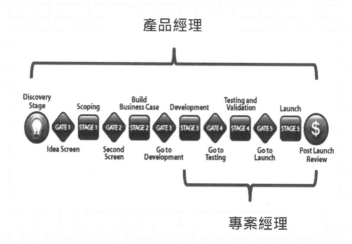

附圖1：資料來源：Winning at New Products,

Robert G. Coppe,2011

Q2 職場新鮮人或轉職，需要具備什麼樣的條件才能去應徵產品經理這份工作？

　　綜合過往經驗，不論你是否是剛畢業的新鮮人或是想轉職成產品經理的朋友，依據企業規模、類型不同，大致將其分成以下四種情況，並分述及建議如下：

1. 外商企業

　　比較有產品經理培訓制度，新鮮人可以先由實習生方式往產品經理邁進。

　　如果你現在剛畢業的話，那麼有一些外商企業可能會辦所謂實習生的培訓方式，因為我認為在台灣企業目前產品經理這個位置上，能夠提供的職位應該不多，外商企業機會相對比較多，所以個人建議，如果有外商企業有這樣的一些培訓（如：Google APM Program），你可以考慮先進去擔任實習生，然後看看裡面有沒有轉正職的機會，這樣就能夠達到你進去產品經理職位的方式了。

2. 大型企業

有產品經理職位的公司先考慮，可以先進去再進行內轉。

先上網查詢一下有哪些大型企業裡面有產品經理職位的公司，不管你過去的工作的背景是什麼，或是學校學的專業是理工、商學或是人文背景都沒有關係，我覺得這些都不重要。如果你有意願要往產品經理這個位置來發展的話，那我會建議你先進去這家公司，然後把目前負責的職位先做好，一旦內部有出缺的訊息，這時候提出內部轉職的機率會比較大。當然，我還是強調你必須要先擁有本身職位的 credit（把分內工作先做出成績），這樣才比較有機會去爭取到產品經理這個職位。

3. 新創公司

新鮮人需要自學或加強領域知識。

新創公司一定會有產品服務，所以它也必須去招募產品經理這樣的職位。說實話，新創公司應徵產品經理機會比較大，但相對來說風險也比較高，我會建議，如果自己不具備這方面技術背景的話，你可能需要自學或進修。例如，學一些 Coding 寫程式，可能比較有機會去勝任這個角

色，因為實務上新創公司沒有太多的師傅，很多時候都需要自己下去做。

4. 傳統產業

比較沒有產品經理職位，建議可以從數位轉型的角度切入，也是一個不錯的職涯選擇。

傳統產業，我認為是比較困難去成為產品經理，因為傳統產業現在面臨到一個比較大的困境就是轉型的部分，如果你現在正好在傳統產業裡面，你也不要灰心，或許你可以扮演轉型的火車頭角色。這個角色基本上也跟產品經理的工作滿類似的，如果你把轉型這個角色做好，也許有機會讓你的老闆相信產品經理這個角色確實可以為公司帶來一些幫助。

反過來說，如果你有以下四種特質，那麼你可能不適合擔任產品經理這個職務：

1. 不懂得換位思考

「換位思考」指的是站在對方立場設身處地思考的一種方式，能夠體會他人的情緒和想法、理解他人的立場和感受，並站在他人的角度思考和處理問題。白話一點說就

是「同理心」。

　　過去在產品會議上，就經常見到許多大砲型的「產品經理」，屢屢針對客戶所提出的問題或建議，嗤之以鼻的回應：「這些客戶太白癡了吧！連這個問題也問！手冊上不是有寫嗎？」、「不會吧！按照流程步驟一步一步完成，也會填錯資料？」

　　對應到新產品開發上的運用，「產品經理」的換位思考，即是透過觀察、分析、討論讓自己更貼近目標客群的生理與心理實況，體驗消費者使用產品或服務的情形，以找出潛在需求與市場機會點的過程就是所謂的洞察。

2. 不懂得細微觀察

　　「觀察」似乎與天賦無關，但卻是新產品開發流程當中，「產品經理」必須要具備的能力之一，從消費者洞察到產品使用測試，在在都是考驗產品經理的觀察力。

　　舉例來說：相信大家都有使用悠遊卡去超商購買東西的經驗，（過去有一段時間）當各位在刷卡感應的過程當中，不知是否有注意到你的雙手必須一直按住卡片，直到畫面出現扣款成功並顯示餘額的時候，才會拿回卡片。或許有人會問：「為何刷卡機座不是平的？如果是平的就不

用一直用手按，也不會不小心就掉到地下……」其實過去的刷卡機座設計就是平的，但是有很多人常常忘了取走，加上大部分的悠遊卡是未記名，不僅造成超商的困擾，也造成民眾的損失與不便。超商在觀察到這些細微的動作所造成的影響，於是乎更改了刷卡機座的擺放方式，成功的降低卡片遺失的風險。

對產品經理來說，你可以找一些並不熟悉你產品的朋友、同學、或是陌生的路人甲，來說明測試產品，觀察他們的使用情形，與他們交談，從中去理解他們的困惑，進而對產品的改善方向有一定的認知。

3. 不願嘗試新事物

近年來台灣企業的競爭力普遍下滑的原因多半與「不願嘗新」有很大的關係：「創意」、「創新」、「創業」。

對多數中小企業而言，「創意」（creativity）代表的是一種突破，是對現有技術、產品、行銷、管理、流程、機制等方面的突破。

對產品經理來說，「創意」，其實就是一種把天馬行空的想像力從無到有變成一個有價值的產物。此外，我個

人更重視直覺和靈感，許多新產品的「創意」其實都源自剎那間的靈光乍現。

　　曾經有學員問道：「難道公司高層都不知道產品要『創新』才有競爭優勢嗎？」我通常會以買股票基金為例來回答：「台灣人買股票喜歡問明牌、炒短線，短期獲利了結，至於該公司的績效及未來成長性，似乎都不想花時間做功課去研究；就連長期投資的基金產品也是抱著快速獲利的心態來面對，更別說去深入了解產業趨勢及發展變化……這樣的投資心態能夠賺大錢嗎？」

　　其實，多數「創業」的需求往往來自於使用者的生活之中，因此，對產品經理來說，首先，必須要確實去探索消費者真正需要及想要的究竟是什麼？必須要勇於嘗試各種新事物之間的所有可能性，之後再加上反覆持續修正調整，才是最後勝出的關鍵。

4. 不願學習新技術

　　對於多數未具備技術的產品經理來說，要想與研發人員溝通使用者需求，可說是難上加難，經常不在同一個頻道上。要能扮演好這個角色，廣泛閱讀書報雜誌及相關書籍肯定是首要任務，但不是只有「翻閱」就好，我會建議產品經理們去思考每個案例背後所代表的意涵（如：某某公司在 Q2 股價為何會上升或下滑？），唯有如此，才能對於該產品及市場面有更深刻的理解（如：股價上升或下滑的原因是新產品上市或是未推出新產品，還是競爭對手推出新產品等），畢竟技術無法現學現賣，馬上端上檯面。

　　此外，不願學習新技術，也就表示你可能無法掌握技術脈動，也無法將新技術有效地運用到新產品規劃上，這麼一來，不僅無法滿足客戶需求，也可能被競爭對手遠遠拋在後面。

Q3 產品經理需要懂技術嗎？
不懂技術可以當PM嗎？

「我不懂技術、我是做業務的、我是做採購的、我是搞行銷的……」但是，「我想從事產品經理這個位置，有可能嗎？我該怎麼辦？我該怎麼入門？我該如何準備？」

「技術」兩字是對許多想成為產品經理朋友心中的一道門檻，這裡提供兩大建議參考：

第一，對於多數未具備技術的產品經理來說，首先，你除了要先熟悉所屬產業的專有名詞（術語）、產業發展趨勢之外，還需要養成廣泛閱讀的習慣。其次，要從生活當中去觀察細節，能夠「方便別人的不方便」就是一個很好的市場機會點。再來，網路上有非常多的前輩，他們在產品經理及做產品上有豐富的經驗，有時間的話也可以參加定期的實體活動、聚會，面對面的交流肯定可以得到許多寶貴知識。

第二，產品經理不是只要單純地會想、能說、擅溝通就能做好的工作，他們還需要向老闆和利害關係人闡述產品，以期得到他們的支持和配合。例如：產品經理在產品的研發過程中，隨時都會和技術部門進行各種溝通（如：○○通訊協定）。不懂技術有時候可能會讓產品經理們陷入尷尬的境地。如果產品經理對一些技術了解（知道術語或是程式語言的描述），這樣可能會更加方便溝通，或提高溝通的效率。此時，產品經理的溝通力、簡報力和產品規劃力就顯得異常重要了。

　　那麼，要如何提升產品經理的專業技能呢？以下六個方向提供大家參考：

1. 盡可能和同事、老闆、使用者進行溝通，充分了解並傾聽他們的看法和意見。
2. 了解並熟練使用產品經理日常工作的相關工具，這可以讓工作事半功倍。
3. 了解學習產品相關的技術架構，做到與相關人員能簡單交流想法。
4. 學會使用樹狀圖、心智圖等工具進行產品整體規劃，這樣能直觀地展示產品整體規劃。

5. 提升自己對產品的敏感度、對數據的敏感度。這樣可以改進優化產品。

6. 文件的記錄、歸檔及相關規範。

杭特・沃克（Hunter Walk）在 "Ode to a Non-Technical Product Manager" 也恰好指出，某些產品經理的迷思是一定要有科技／工程背景出身，但這不是必要的條件。

如果您是一位沒有科技／資訊背景的產品經理：

1. **對科技要好奇**（Be technically curious）：拋開寫程式的事，但了解事情如何運作，甚至可以做出原型更好。

2. **發展特別的超能力**（Develop specific superpowers）：不要總是仰賴自己作為一個聰明的通才來管理產品／專案。

3. **聚焦在讓你的團隊更好**（Focus on making your team better）：你的成功與團隊的成功息息相關，以及你需要知道什麼技能來幫助團隊成功。

一般來說，台灣多數企業要求產品經理需具有技術背景與該公司的老闆是技術出身有很大的關聯，老闆肯定希望找一個能「溝通」的產品經理來執行任務，此外，背後的邏輯還有以下兩點：

(1) 對於未來的產品發展趨勢，所需要了解的技術含量很高。

(2) 以軟體開發為主的公司，產品經理需要與工程師密切合作的情況下，那就需要了解一些基本知識與程式語言。

　　對產品經理來說，「有技術但卻乏熱情，這樣的產品不太具有生命力」；「有技術但不擅溝通，這樣的產品不太具有市場力」。個人認為，能夠兼顧「技術」與「市場」才是一位好的產品經理。

產品經理這個職務需要考證照嗎？與PMP有何不同？

PMP（國際專案管理師證照）相信是目前台灣市場上最具知名度的 PM 國際證照之一。然而，對於「產品經理」這個職位來說，也有所謂的國際認證嗎？答案當然是肯定的。

當中較為人知的首推 1979 年成立的美國新產品開發管理協會（PDMA）所頒發的 NPDP（New Product Development Professional）產品經理國際證照，也是全球唯一「新產品開發管理」專業領域的國際證照。

PDMA 所發展的「新產品開發管理」知識體系（如附圖 2），廣受全球五百大企業採用，並已證實能夠有效提升新產品開發的成功機率，是產品經理解決工作難題最有效的專業方法論。簡單來說，NPDP 是一套 Idea-Product-Launch 完整的產品開發流程（如：Stage-Gate Process）。

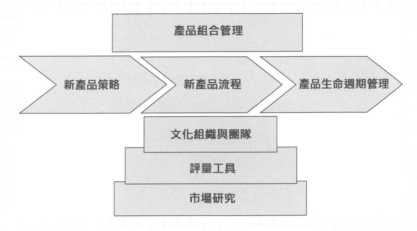

附圖2：作者整理；資料來源：pdma.org

 PMP 的應用層面則非常廣泛，不論是工作及生活，只要符合專案的定義——「專案」是一種暫時性的努力以創造出一項獨一無二的產品、服務或結果——都可以運用專案管理知識來協助管控及目標達成。新產品開發流程當然也不例外，因此，PMP 與 NPDP 應該是相輔相成、互補不足的知識體，也是所有從事 PM 職務的人員必須要了解與精進的內容。

台灣網路上一直都有所謂「證照無用論」的評論，其中最大的關鍵還是在企業對於「專業證照」的認知不足（老闆或主管不懂），員工無法直接應用於工作上；再加上，多拿一張證照也沒有反應在加薪或升遷上。因此，我的建議是，大家可以考慮向其他國家發展，應該就可以驗證 NPDP 這張證照的價值。

　　總的來說，PM 這份工作，除了部分公司有要求，如果有證照則是優先考慮之外，一般是沒有註記必須考上證照才能從事 PM 職務。如果是這樣，那為何還有那麼多人去參加證照考試呢？我認為至少有以下兩點原因：

　　第一、如果你之後想轉職成產品經理或專案經理，那麼這張證照就比較有機會去說服面試官，為何你可以勝任此份工作。

　　第二、你可以把這張證照用來驗證自己是否真正了解 NPDP 或 PMP 知識體，未來或許有機會能發揮在工作及創業上。

擔任產品經理需要有哪些基本功？需要具備哪些能力？

「產品經理究竟需要具備哪些能力？」

「如何成為一個好的產品經理呢？」

「產品經理需要有哪些基本功？」

不論是大型演講或是小型講座課程，學員總是會圍繞在以上的問題當中……，由此不難看出，大家對於要如何扮演好產品經理這個角色，確實充滿許多疑問與期待。

從每次的回答當中，我嘗試歸納整理出「產品經理的關鍵六力」，提供大家參考：

❖ 第一、分析力（Analytic Skill）

在面對網路日趨普及，產品經理只要一個 click，無論是公司內部或外部資料，彈指之間，海量資料唾手可得。人工智慧與大數據的縝密結合（如：ChatGPT），勢必將

成為企業制訂策略的重要依據。

　　對產品經理來說，要從如此眾多繁雜的訊息當中，去篩選出關鍵的情報與暗示，就需要具備強大的問題理解及邏輯分析能力。尤其是邏輯分析能力對事情的分類、歸納等方面至關重要。

❖ 第二、洞察力（Insightful Skill）

　　「洞察力」是發現市場機會的本質，也是挖掘用戶需求的敏銳反應能力。產品經理必須要將資料蒐集作為日常重要工作之一，持續關注市場、產業及競爭對手資料的變化，最好能親自負責資料整理和解譯。要知道，營運資料的分析是一個資料持續積累和研究的過程，產品經理唯有掌握愈多愈細緻的資料，就愈能從中洞察出更有價值的分析結果。

　　此外，對產品經理來說，新產品除了要考慮產品的市場定位與區隔之外，更要注意是否該產品能夠完成消費者的重要工作／任務，或是解決其所面對的痛苦，還是滿足了消費者某部分的利益呢？

❖ 第三、學習力（Learning Skill）

　　「學習力」指的是快速學習新事物的能力。網路世代的變化是非常快速的，整個市場也是如此，隨著技術能力的提升，能夠為使用者提供愈來愈好的產品，使用者的需求也是變化，因此需要不斷地為滿足使用者的需求而努力。N 世代（Net Generation）的年輕人由於網路的資訊開放性，變得更多元化、更具世界觀，也擁有更強烈的自我主張，傳統的單向式行銷已經無法吸引他們的注意，也並不代表企業只要設立一個可以互動的產品網站或是手機 App，就能讓 N 世代乖乖掏出錢來。

　　對產品經理來說，網路世代隨時會誕生新的想法、新的概念、新的技術，唯有不斷快速學習、汲取新知，才能跟得上網路世代的腳步。

❖ 第四、思考力（Thinking Skill）

　　「思考力」指的是換位思考的能力。常見到很多產品經理規劃出非常傑出的產品，不僅功能和界面非常完美，也簡單方便易學，但就是得不到消費者的青睞。要知道：自己認為完美極致的產品，消費者不一定買單。

對產品經理來說：必須要求自己做一個觀察家，暫時忘卻自己的喜好，以挖掘使用者的核心需求為己任。因此，在規劃產品的時候，必需要具備換位思考的能力，時時刻刻從使用者的角度作為決策基準。這一點說起來容易，但是真正落實起來很難，需要在每次的新產品開發專案中不斷淬鍊、汲取經驗才能練就。

❖ 第五、簡報力（Presentation Skill）

「簡報力」指的是準確表達事物的能力。做產品首先必須要將想法表達出來，讓你的團隊、老闆明白你的想法。其次，將想法變成具體的新產品開發企劃案，之後還要在新產品上市期間，向廣大使用者簡報產品的特點。

對產品經理來說，這些都是需要長時間的自我要求與訓練，才能具備準確表達事物的能力。舉例來說，過去曾經臨時被公司賦予對國際知名公司高層做產品簡報，雖然只有短短 20 分鐘，但著實讓我好幾個星期吃不好、睡不好，只要有時間，就會不斷地喃喃自語（背誦簡報講稿）。

❖ 第六、溝通力（Communication Skill）

溝通能力是產品經理的必須技能，由於產品經理的工作涉及研發、市場、銷售、生產、財務、專案管理等各個部門，要承擔多方面溝通協調的工作。此外，產品經理也經常要與公司高層、行銷部、研發部等功能部門打交道，需要取得他們的支援與配合……這些都需要高超的溝通技巧。

強烈建議想要更上一層樓的產品經理們，首先必須有機會先成為新產品開發團隊的成員（累積更多的實務體驗），然後從每一次的專案當中去學習經驗，進而領導新產品團隊，邁向成功。

Q6 現在不是PM的職務，之後有機會轉職成產品經理嗎？

「研發背景是不是比較有優勢？」

「我沒有技術底會不會第一關就被刷掉了？」

「產品經理需要有管理經驗嗎？」

　　課程當中，總會有學員問到日後想轉職成為產品經理的問題……

　　其實轉職的風險還真不小，特別是在金錢的部分，有形的成本包括年資中斷、年終獎金、分紅配股、特休假的減少，另一方面，無形的成本更高，包括轉職過程中的調適、熟悉新公司、組織文化適應、同事相處等。

　　不過，轉職的成敗，以金錢做為評量標準是很危險的。放大格局看，能力的增長、人際關係的拓展、更多的工作經驗及挑戰，都不是金錢所能夠買到的，有時候換新工作薪水變少了，但舞台卻變大了，這些都是金錢買不到

的收穫。面對轉職換工作時，你會理性地分析自己的優缺點，還是跟著內心蠢蠢欲動的欲念走？

根據過去的經驗，成功轉職成為產品經理的大概有以下三種類型：

❖ 第一種是「研發」轉過來的產品經理

此類型的 PM（如：專案經理）應該是最普遍，也是台廠老闆最鍾意的人選，這和多數企業負責人是「黑手（技術）」出身有關，因為這樣的人在未來的溝通上，肯定不會有太多的「阻礙」，事實真的是如此嗎？就留給大家去評估了（哈）。

由研發轉產品經理的優點是：他們的邏輯思維較強，對於需要技術成分較複雜的工具使用，或是技術的可行性分析（technical feasibility）都能馬上給予回饋，與產品設計團隊的技術語言，更是「錦上添花」；缺點是：對於客戶端及行銷團隊的理解較弱，特別是在傾聽顧客聲音及市場研究，經常是「意見相左」。

❖ 第二種是「管理」轉過來的產品經理

這類型的產品經理多半不懂技術，或者是未臻熟練，

但因為位居管理職，所以控制欲極強，任何事都得「插手管」，做得好那是「眾星拱月」，如果做不好那就成了「千夫所指」，新產品開發要成功的機率可說是微乎其微。

管理轉過來的產品經理，其優勢在於他們對於人性的了解，如：利害關係人之間的潛規則、清楚老闆的心思以及團隊成員之間的相處，對於新產品開發所將面對的阻力肯定會小很多。當然，多數的情況是新產品經常都是一錯到底。

❖ 第三種是「業務」轉過來的產品經理

業務轉產品經理的主要原因之一是因為業務經常與顧客接觸，有時會抱怨公司提供的產品有××問題或是與競爭對手相比還遜色許多……，搞得業務常常灰頭土臉，有苦難言（因為公司要賣啥產品，不是業務可以自行決定），於是乎，想轉成產品經理的念頭就油然而生。

這類型產品經理的優勢是清楚市場、了解顧客要什麼，這點是新產品成功的關鍵因素之一；缺點則是他們完全不懂技術，態度上可能比較盛氣凌人，一般都是不管做什麼都是必須按照他的意思來。

總的來說，如果沒做過以上職務，是不是就無法轉職成產品經理呢？其實也不盡然。我的朋友圈當中就有不少是人文科系背景，這些用人企業的考量在於產品經理真正要做的事情是：找到使用者痛點並解決客戶需求，而在洞察顧客這一點上，文科生的思維可能會更敏感、更細膩。

Q7 如何通過新手產品經理的試用期？

　　相信大家都知道，幾乎每家公司的職位都有所謂的三個月試用期，產品經理當然也不意外，只是到底要如何考核？考核的項目又是哪些？……相信對很多剛上任的產品經理們摸不著頭緒，原因就出在：產品經理的工作範圍為何？具體工作內容有哪些？……看到這裡，大家心裡是不是想問：「公司不是應該有『工作說明書』之類的文件，裡頭就會載明具體內容啊？」

　　其實，產品經理這個職位在很多公司的定義不清，相對於業務、行銷或是研發的工作而言，確實不容易說清楚、講明白，即使有文件，也僅僅是大綱，對於多數新手產品經理來說，應該是有看沒有懂。

　　因此，要想快速進入狀況，「不斷地向身邊同事請教」相信是最直接有效的做法，不過，就過去的經驗，「不恥下問」對很多人來說是個挺大的路障，有心往產品

經理邁進的朋友，請記得兩點原則：第一，無論你已經有多少工作經驗，請先放下身段！第二，「產品經理是跨部門溝通協調的工作」，因此，必須從各部門的工作事項（點），想辦法串連融合起來（線），最後就是由公司產品的角度來審視整體作業流程（面）。當然，在你跟別人請教的同時，你必須要先做功課，否則，即使告訴你為何如此時，你可能還是不知其所以然！

　　以下三個方法，讓新手產品經理不再擔心如何通過試用期：

❖ 1. 對產品要熟悉

　　對於剛入行的產品經理來說，必須竭盡所能的去熟悉你所負責的產品，除了現有的文件（如：Data sheet、Brochure、White paper、Technical document……），更要能夠動手操作，如果是實體產品，盡量要能有機會一窺產品的內部結構，最好的方式就是前往研發單位向工程師請教；如果是軟體產品（如：網站、App），就必須先申請一組官方測試帳號先進行導覽（包含前後台），再來，你還必須將自己當成使用者，從外部的角度來體驗公司的網站，如：登入的頁面是否順暢？網頁的導覽是否清晰？能

否順利找到相關的產品服務訊息等。

對新手產品經理而言，將這些心得筆記下來，除了可以增加對產品的了解之外，更有助於日後通過「試用期」的考核。

❖ 2. 對市場要了解

新產品失敗的關鍵主因，除了產品本身出問題之外，都是因為不了解市場所致。

- 不了解市場＝不清楚顧客真正需要或想要的產品究竟為何？
- 不了解市場＝不知道競爭對手的態勢？
- 不了解市場＝不了解產業趨勢的現況及未來發展？

對新手產品經理而言，公司會寄望你未來扮演的角色，就是肩負起公司（產品）與顧客（市場）之間的橋梁——對內須整合業務、行銷及技術等單位；對外則須統合產業、競爭對手及顧客的需求。這也就是產品經理最重要的職責之一。

❖ 3. 對團隊要人和

　　新產品開發是所有人的事。新手產品經理在「試用期」期間，如果得不到人和，相信是很難得到這份工作的。過去就曾碰過趾高氣揚，眼睛長在頭頂上的產品經理，一副就是到處指揮別人做事的態度……這樣的產品經理到最後的下場就是「顧人怨」，只好拍拍屁股走人。

　　對新手產品經理而言，利用中午吃飯的時間，與其他部門同事「話家常」、「搏感情」……不僅可以獲取工作上的專業行話，也能間接得到一些職場八卦，Trust me！這對於日後的溝通協調是挺有幫助的；另外就是主動去參與其他部門的工作項目，如：部門例會、客戶拜訪、裝機測試、市場調查等，「多聽、多看、多問」是我當時常用的心法，切莫「多說」！否則，有時說錯話反而會誤了大事，也傷了團隊和氣。

Q8 產品經理（PM）與產品負責人（PO）有何不同？

從事產品管理（經理）教學多年以來，隨著技術快速更迭演進，產品開發方法論一直不斷地推陳出新，從1980年代的羅伯特・庫珀（Robert G. Cooper）提出的Stage-Gate（階段關卡法）、1990年代IBM主導的IPD（Integrated Product Development，整合產品開發），一直到近代的LPD（Lean Product Development，精實產品開發）、Agile Development（敏捷式開發），尤其在疫情之後，很多企業紛紛投入「敏捷」的懷抱，開始準備導入「敏捷」方法論，期望讓公司變得更加「敏捷」……Product Owner（PO，產品負責人）瞬間成為企業間廣泛被討論的一個角色。

- 產品經理等同於現今的產品負責人嗎？
- 產品負責人是只有在Scrum流程中才有的名稱嗎？

● 有了產品負責人，是不是就不需要產品經理了？

讓我們先來看看產品經理（PM）與產品負責人
（PO）在組織上的角色扮演。

根據 PDMA 的定義，所謂的「產品管理（Product
Management）」是指：「在新產品開發的過程當中，通過
不斷監控和調整市場組合的基本要素（其中包括產品及自
身特色、溝通策略、配銷通路和價格），隨時確保產品或
者服務能充分滿足客戶需求。」而產品經理就是針對上述
特定產品活動肩負所有責任的人。

不過，現今的產品管理已經逐漸結合敏捷式開發，
如：Integrated Agile Stage-Gate Process（如附圖 3）原則
（特別是軟體產業），從而導致開發週期縮短，反饋快速
並且持續探索。從這個角度來看，產品經理意味著，包含
了產品負責人的工作。

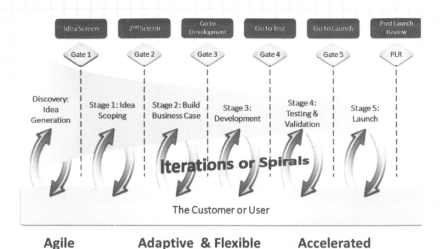

附圖 3：資料來源：Integrating Agile with Stage-Gate®
by Robert G. Copper

Scrum Guide 則是將產品負責人的職責定義為，「負責
將開發團隊工作產生的產品價值極大化，並主要負責管理
產品待辦清單（Product backlog）。」簡單來說，對產品負
有最終責任的人稱為產品負責人。

此外，產品負責人角色需要豐富的領域知識，更需要
親和力來確定如何「做正確的事情」。

那麼，產品負責人只能有一個嗎？

Scrum 的定義非常清楚，只能有一個產品負責人。單一窗口負責產品的好處是可以消除組織所有權中存在的許多低效率問題，但並不意味著產品負責人得完成所有的工作，不受不同利害關係人的影響，他們必須要知人善任，懂得將對的人放到對的位置上。不過，最終產品負責人還是需要對產品做出最後決定。

　　為什麼產品負責人的角色非常重要？

　　在 Scrum 中，產品負責人是唯一擁有代表顧客在產品待辦清單及需求相關問題的最終權限。他們必須研究並理解客戶、市場和競爭，還需要適應行業趨勢，與企業策略保持一致性，適時做出產品決策。因此，產品負責人必須在新產品開發期間讓團隊成員都能找得到，尤其是在制定衝刺計畫會議（Sprint planning meeting）期間。除此之外，產品負責人的職責還包含：

- 定義產品特色。
- 決定發布日期和內容。
- 對產品的 ROI 負責。
- 根據市場狀況調整產品特色的順序。
- 最終成果的審核權（接受或拒絕）。

廣義角度來看，產品經理的職責是負責 Idea-Product-Launch 的完整過程，產品負責人則是專注於產品待辦清單工作。

　　以下將從五個面向進一步分析兩者之間的差異：

	產品經理（PM）	產品負責人（PO）
角色	對產品大局的長期觀點	著眼於產品細節的短期關注
策略	勾勒產品願景	將產品願景變成可執行的待辦清單
顧客	充分理解顧客	倡導顧客需求
任務	制定產品功能特色優先順序	強調團隊發展需求
職責	規劃產品路線圖	專注待辦清單、史詩及用戶故事

表格：作者整理

但是，已經擁有產品經理的組織會發生什麼？誰做出關於產品的最終決定？

從組織的定義來看，產品經理需要報告給產品負責人，其主要任務是負責面對外部的互動和協作，包括：與客戶交流、定義要構建的產品規格和範疇，並定期與產品負責人溝通。產品負責人的主要職責是面對內部相關部門，包括：定義解決方案的架構，並與開發團隊一起做出產品。

知名產品管理顧問梅麗莎・佩里（Melissa Perri）一語道出了 PM 與 PO 的權責關係：Product Owner is a role you play on a Scrum team. Product Manager is the job. 大意是：「產品負責人是您在 Scrum 團隊中扮演的角色。而產品經理就是這份工作。」

此外，根據 Scaled Agile 的說法，每位產品經理通常可支援 1-4 位 POs，而每個 PO 則負責 1-2 個開發團隊的產品待辦清單（如附圖 4）。

身為企業的老闆或是高層主管，如果你想為自己的企業和客戶創造有價值的產品，就必須在公司中建立產品管理制度。如果從員工的職涯發展及培育人才的角度來看，

你也必需要提供產品經理相關的訓練，這樣他們才能成長至更高階的職務。

　　雖然，多數 PMs 大多時候可能有機會在 Scrum 團隊中會扮演產品負責人的角色，但別忘了：這並非僅是職責的提升，還是必須要秉持像過去產品經理一樣的思考精神並做出正確的產品。

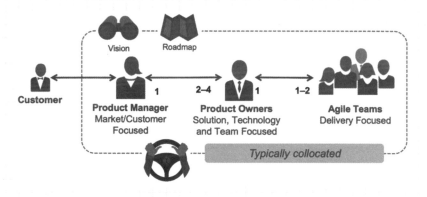

附圖 4：資料來源：Scaled Agile

Q9 如何因應（準備）產品經理的面試？

　　「最近收到×× 公司的面試通知，該公司是招聘產品經理，而我過去是做產品企劃的工作，不知道他們會問哪些問題？要怎麼準備呢？」

　　「我工作三年想轉職，聽說產品經理要具備技術能力才容易錄取，但過去沒有做產品的經驗，去面試應該不會通過吧……」

　　「產品經理會用剛畢業的嗎？如果要去面試產品經理工作，機會大嗎？」

　　以上是網友們透過臉書私訊給我，希望能給予如何準備面試產品經理的建議。

　　依照過去面試產品經理的經驗，我會想詢問應徵者的五大問題如下：

❖ 1. 你為什麼想做產品經理？

由於產品經理的工作涉及研發、市場、銷售等各個部門，要承擔多方面溝通協調的工作。此外，還需要對產品開發、市場趨勢、行銷通路等各個方面均有所了解，知識面要很廣。

之所以提出這個問題，就等於是間接的在問應徵者：「為什麼你適合做產品經理？」或是「你做產品經理的優勢是什麼？」這種問題對多數的應徵者來說，應該是最難回答的，因為產品經理的工作的確包山包海，也的確需要某些特質與技能。因此，從其回答當中，可以協助公司去了解該員是否符合企業所需。

❖ 2. 過去的工作經驗當中，你最喜歡及最討厭的三件事為何？

一位傑出的產品經理會清晰地定義目標，知道如何安排團隊成員的工作及目標管理，因此他們懂得產品開發的每一個環節，可以在有需要時任意轉換角色並參與到具體的產品開發工作中，去說明如何解決問題並加速開發週期。

之所以提出這個問題的目的，除了可以協助公司去了解應徵者過去的工作經驗之外，另針對該員所喜歡或不喜歡的工作項目，也可判斷出該員是否能夠勝任繁瑣的新產品開發任務。舉例來說，該員可能會陳述過去在工作當中與主管或同仁相處不融洽、工作權責不清、需要常加班……，這些事項都有助於讓公司找到最適合的人選。

❖ 3. 依你之見，如何才能成為一名好的產品經理？

什麼條件才算是「好」產品經理？

● 好的產品經理會主動了解市場、產品、產品線和劇烈的市場競爭，並基於自身強大的知識基礎和自信進行角色扮演和職責履行。

● 好的產品經理不僅是產品的 CEO，能全力履行職責並以產品的成功進行衡量。除此之外，他們對正確的產品、正確的時機以及所有相關細節負有責任。

● 好的產品經理了解公司、營收來源、競爭等種種情況的相關資訊，他們對於負責制定並執行一個成功的計畫是沒有任何藉口的。

之所以提出這個問題的目的可以協助公司去了解應徵

者是否真正明白產品經理的職責，或者該員在產品經理的角色扮演上是否有機會做好。

❖ 4. 請說明前一份工作每日（週）的時程安排？

對應到新產品開發流程來說，每一個檢核點（checkpoint）能否如期完成，也意味著新產品能否準時上市，更甚者，還會直接影響新產品的績效。身為產品經理，自然得承擔時間管理的所有責任。

之所以提出這個問題的目的可以讓公司從時間管理的角度去了解該員是否重視紀律及自我管理。例如：每天幾點到公司？每天的例行工作有哪些？每週需要參加哪些會議？需要撰寫哪些報告、文件？從以上的回答，可以協助公司了解應徵者是否能區分出「重要」與「緊急」的工作安排，是真忙還是瞎忙？

❖ 5. 請分享一下過去產品開發失敗的經驗。最主要的原因為何？

對產品經理來說，做產品的實戰經驗很重要，千萬不要擔心失敗就不敢去嘗試，我的看法是「沒做過失敗產品的 PM，是很難成為一位合格的產品經理」。

之所以提出這個問題的目的在於可以勇於面對失敗產品，並且可以分享經驗的產品經理，未來肯定有很大的機會協助公司做出成功的新產品。

　　也許有人會問，如果沒有做過產品的話，該如何回答這個問題呢？我的建議是：可以誠實的告訴對方，過去並未有類似的經驗，但可以概略說明自己從書本雜誌看過的案例作為回答的基礎。記得還是要說明自己的觀點，而非照本宣科。

　　肯‧諾頓（Ken Norton）曾擔任 Google 的產品經理，在 "How to Hire a Product Manager" 一文中提及：「一家公司如果沒有工程師，將無法建立基礎建設；沒有業務人員，產品將無法銷售出去；沒有產品設計師，產品將視同廢鐵。但是沒有產品經理的話，似乎公司的成員都能取而代之！身為產品經理，你充其量只是消耗品。」這句話聽上去，產品經理好像是可有可無，也應該是很容易可以找到的人，其實不然，作者肯是用反諷的方式來闡述企業主無法真正面試到合格的產品經理之理由。

　　總的來說，「產品經理是協助公司將對的產品送到客戶手上的那個人」，其重要性已不可言喻。

每個產業（如：新創或傳產）都需要產品經理這樣的角色嗎？

一、「沒有設立產品經理職位，公司還不是照樣運轉？」

二、「產品經理真的能幫公司賺更多錢嗎？」

三、「產品經理的工作內容在公司組織裡，都有人負責啊？」

這是過去在推廣企業落實「產品管理」及培養「產品經理」時，經常會被挑戰的三大問題。

說起來很諷刺，台灣整體大環境目前仍在谷底盤旋，許多公司的新產品屢屢失利，因而導致企業成長大幅衰退，員工的薪資自然無法提升，今日此時，如果你去問台灣企業的老闆們：「要不要創新？」相信得到的答案肯定是「要」。

但這個時候卻往往是公司最艱辛的時刻（業績面臨衰

退），老闆怎會有心思在檢討新產品失敗的原因究竟是什麼？更遑論去思考：是否公司需要採行「產品管理」制度來協助新產品開發，以提升新產品成功的機率？

問題一、沒有設立產品經理職位，公司還不是照樣運轉？

多數公司由於沒有專人（產品經理）負責產品管理，新產品多半由高階主管或企業主負責制定規格，這樣的做法似乎沒有不對的地方，但卻常聽到這類型的公司內部經常發生「產銷失調」、「上市延誤」、「部門衝突」等問題。這些問題不僅阻礙了公司產品創新的發展，更影響新產品團隊的士氣，最終的結果自然會反應到新產品的成敗。

簡單來說，就是公司產品必須要有專責窗口（產品經理）來負責管控並做好部門之間橫向整合溝通的任務。

問題二、產品經理真的能幫公司賺更多錢嗎？

一個好的產品經理會主動了解市場、產品、產品線和競爭對手的態勢，並基於自身強大的知識基礎和自信，進行角色扮演和職責履行。此外，他們也必須了解公司、營收來源、客戶服務等相關資訊，對於負責制定並執行一個成功的計畫是沒有任何藉口的。

企業有了產品經理這個角色，相信新產品成功的機率也愈高，對公司的營收及利潤來說，肯定是貢獻良多。

問題三、產品經理的工作內容在公司組織裡都有人負責啊？

國內外許多學者專家都有提及產品經理的工作內容應該有哪些，總結歸納不外乎以下六大項：

1. 評估市場機會及確認新產品的可行性；
2. 確認對的產品是否在對的時間點推出；
3. 發展新產品開發所需的產品策略及路線圖；
4. 引領新產品團隊根據路線圖執行新產品開發；
5. 針對公司內部高層主管及同仁，扮演好新產品倡議者（champion）的角色；
6. 在新產品開發的階段中，能夠清楚描繪出顧客的輪廓（profile）。

更直白一些來說，產品經理在企業的定位則是：對內需扮演好行銷（市場）與研發（技術）單位之間溝通協調的角色，對外則是顧客與公司之間的橋梁（如何傾聽顧客聲音、如何將產品推廣至市場）。

其實企業無法採行「產品管理」制度，背後還有一個最大的挑戰就是：「老闆本身不願放出制定產品的權限」。老闆就是所謂的「大 PM」，手下的「小 PM」只能附和老闆的意見與想法，自然無法幫公司培育更多的產品經理。

結語
產品經理是落實產品管理制度的靈魂人物

當市場需求變化愈來愈快，競爭愈來愈激烈，技術不斷更新換代，如何根據目標客戶不斷變化的需求，提供不斷更新的產品，將成為企業制勝的關鍵。

我認為，「要能達到上述的需求，就端賴於有效建立『產品管理』組織，隨時關注目標客戶，傾聽顧客聲音，並提供滿足市場需要的產品。」

一般來說，企業採行「產品管理」組織至少有以下四項優點：

第一，產品經理可以統整所負責產品的市場行銷策略；

第二，產品經理可以及時反應該產品在市場上所出現的問題；

第三，每個產品（線）都會有對應的產品經理（責任制），權責劃分明確；

第四，產品經理是未來高層主管的儲備人選，因為產品管理涉及到企業業務經營（產、銷、人、發、財）的所有方面。

那麼，企業該如何建立「產品管理」組織呢？我認為，建立之初，必須具備以下三大共識：

1. **「產品管理」的組織結構必須是公司的高層團隊**（如：事業單位／部／群）之一，換個方式來說，**也就是高層主管必須具有「產品管理」的觀念，**有這樣的觀念不僅可以協助公司新產品策略與核心願景能保持一致性，同時也能在新產品開發及上市期間，幫助公司建立新產品團隊所需要的成員。
不過，多數公司經常是隨意指派一位資歷較淺、經驗稍差的產品經理來負責新產品的「投石問路」，因為能不能有產出，沒有辦法馬上得知，只好以最少的投資來進行……這樣比喻或許大家不明白，說得更直白一些就是：又要馬兒好，又要馬兒不吃草。依個人之見，這樣的新產品（新事業）是很難成功的。

2. **「產品管理」的人力必須隨著企業成長同時，等比例增加，而非僅是增加業務、行銷、研發人手。**話雖如此，但多數公司的心態卻是：嘴上喊公司是採取「產品管理」制度，但在業務成長之時，卻忽略了產品經理的重要性。

另外，我還觀察到，「負責新產品開發與市場行銷的產品經理經常是同一個人」。這樣的情況往往會出現「顧此失彼」、「挖東牆補西牆」的現象，結果當然就是「產品經理的錯」！！！

3. **「產品管理」的組織必須是能融合不同專業人才的團隊，而非僅僅依靠一個通才的產品經理。**在課間我經常會舉出時下企業所需要的產品經理之條件，其目的有二：第一，凸顯出產品經理對企業的重要性；第二，既然公司需要如此重要的人才，但為何坊間卻沒有適切的教育訓練課程來協助「如何成為產品經理」呢？

我在本書有提及：「產品經理就像是打雜的！」雖然聽起來有些戲謔，但多數公司對產品經理的要求，說得誇張點，就是十八般武藝得樣樣精通。所

以我常對學員說，產品經理是未來高層主管的儲備搖籃，當然也是新創公司 CEO 的不二人選。

整體來說，對企業而言，「產品管理」的真正意義並不是在管理一個產品，而是在管理這個產品可以解決的問題。而產品經理則是落實「產品管理」制度的靈魂人物，除了促進跨功能團隊合作之外，還必須在有限時間及資源內達成新產品上市的最終目標。當然，前提是必須得到公司高層及利害關係人的授權與支持。

你的公司準備好採行「產品管理」組織了嗎？

參考資料及引用出處

　　本書內文所提及與「產品經理」、「產品管理」及「新產品開發」等專有名詞與術語，絕大部分出自於美國新產品開發管理協會（PDMA）的定義，同時亦參考國內外學者專家的相關書本及部落格文章，茲分述整理如下：

【書本】

1. 《矽谷最夯・產品專案管理全書》，馬提・凱根（Marty Cagan），洪慧芳譯，商業周刊，2019

2. 《跳脫建構陷阱》，梅麗莎・佩里（Melissa Perri），王薌君譯，歐萊禮，2021

3. 《產品方法論》，俞軍，中信出版社，2019

4. 《極致產品》，周鴻禕，日出出版，2019

5. 《決策的兩難：釐清複雜問題，跨越二選一困境的思維模式》，羅傑・馬丁（Roger Martin），馮克芸譯，天下雜誌，2019

6. *The Voice of the Customer for Product Development, 4th Edition*, José Campos & Jean-Claude Balland, 2012

7. *The Startup Owner's Manual*, Steve Blank & Bob Dorf, 2012

8. *Product Strategy for High Technology Companies*, Michael E. McGrath, 2000

9.《獲利世代》，亞歷山大‧奧斯瓦爾德（Alexander Osterwalder），尤傳莉譯，早安財經，2012

10. *The Competitive Advantage: Creating and Sustaining Superior Performance,* Michael E. Porter, 1985

11.《價值主張年代》，亞歷山大‧奧斯瓦爾德（Alexander Osterwalder）等，季晶晶譯，天下雜誌，2017

12.《麥肯錫最強問題解決法》，查爾斯‧康恩（Charles Conn）、羅伯‧麥連恩（Robert McLean），李芳齡譯，商業周刊，2023

13. *Mindset: The New Psychology of Success*, Carol S. Dweck, 2007

14. *New Products Management, 11th Edition*, Merle Crawford & Anthony Di Benedetto, 2014

15. *Principles of Marketing,* Philip Kotler, 2008

16. *The Lean Startup,* Eric Ries, 2011

17.《麻省理工MIT黃金創業課：做對24步驟，系統性打造成功企業》，比爾‧奧萊特（Bill Aulet），吳書榆譯，商業周刊，2018

18. *Diffusion of Innovations, 5th Edition,* Everett M. Rogers, 2003

19. *Crossing the Chasm, 3rd Edition,* Geoffrey A. Moore, 2014

20. *Blue Ocean Strategy,* W. Chan Kim & Renée Mauborgne, 2005

21. *Corporate Strategy,* H. Igor Ansoff, 1965

【部落格文章】

1. "What is Product Management?", Roman Pichler, 2014

   https://reurl.cc/MyVyN4

2. "Escaping the Build Trap", Melissa Perri, 2017

   https://reurl.cc/jv2eEL

3. "What, exactly, is a Product Manager?", Martin Eriksson, 2011

   https://reurl.cc/1GqG0m

4. "The Product Management Triangle", Dan Schmidt, 2014

   https://reurl.cc/A0Y0dK

5. 〈產品經理（PM）與產品行銷經理（PMM）的職責有何不同？〉

   https://reurl.cc/7MmMkD

6. 〈師徒制：企業有效且成功培育產品經理的致勝關鍵〉

   https://reurl.cc/Rymyzx

7. 〈新手PM：產品經理不可或缺的關鍵六力〉

   https://reurl.cc/K3R33q

8. 〈企業需要產品長（CPO）這個職位嗎？該具備那些核心技能才能勝任呢？〉

   https://reurl.cc/z6E6l6

9. "Supply-chain recovery in coronavirus times—plan for now and the future", Knut Alicke & Xavier Azcue & Edward Barriball, 2020

   https://reurl.cc/OjnjMX

10. "MVP: The Features Are Silent", Gregarious Narain, 2013

    https://reurl.cc/dmAmng

11. "International Investment and International Trade in Product Cycle", Raymond Vernon, 1966

    https://reurl.cc/edAdyL

12. "IDEO Design Thinking", Tim Brown, 2008

    https://reurl.cc/3e9e6O

13. "Why Homejoy Failed...And The Future Of The On-Demand Economy", Sam Madden, 2015

    https://reurl.cc/o56Gx5

14. "Ode to a Non-Technical Product Manager", Hunter Walk, 2012

    https://reurl.cc/QZo2a5

15. "Product Owners, Product Managers, and the Feature Factory—SAFe Structure", Lieschen Gargano, 2020

    https://reurl.cc/q0qpen

16. "How to Hire a Product Manager", Ken Norton, 2005

    https://reurl.cc/a4DXQZ

BIG 434

打造產品經理黃金身價的 10 堂課：PM 從 0 到 1 實踐指南

作　　　者—夏松明
圖 片 提 供—夏松明
編輯副總監—何靜婷
主　　　編—尹蓓芳
封 面 設 計—栗子
版 面 設 計—栗子
排　　　版—菩薩蠻電腦科技有限公司

董 事 長—趙政岷
出 版 者—時報文化出版企業股份有限公司
　　　　　108019 台北市和平西路三段二四○號七樓
　　　　　發行專線— (02)2306-6842
　　　　　讀者服務專線— 0800-231-705・(02)2304-7103
　　　　　讀者服務傳真— (02)2304-6858
　　　　　郵撥— 一九三四四七二四時報文化出版公司
　　　　　信箱— 一○八九九臺北華江橋郵局第九九信箱
時報悅讀網— http://www.readingtimes.com.tw
法 律 顧 問—理律法律事務所　陳長文律師、李念祖律師
印　　　刷—勁達印刷有限公司
初 版 一 刷— 2024 年 1 月 12 日
初 版 三 刷— 2024 年 4 月 26 日
定　　　價—新台幣 420 元
（缺頁或破損的書，請寄回更換）

時報文化出版公司成立於一九七五年，
並於一九九九年股票上櫃公開發行，於二○○八年脫離中時集團非屬旺中，
以「尊重智慧與創意的文化事業」為信念。

ISBN　　978-626-374-747-0
Printed in Taiwan

打造產品經理黃金身價的 10 堂課：PM 從 0 到 1 實踐指南 / 夏松明著.
-- 初版. -- 臺北市：時報文化出版企業股份有限公司，2024.1
280 面 ; 14.8x21 公分. -- (big ; 434)

ISBN 978-626-374-747-0(平裝)

1.CST: 商品管理 2.CST: 商品學 3.CST: 行銷策略

496.1　　　　　　　　112021069